高等学校计算机基础教育规划教材

大学计算机应用操作指导

谭斌　易勇　主编

清华大学出版社
北京

内 容 简 介

本书是《大学计算机应用基础》(ISBN 978-7-302-47920-8)的配套教材，是根据教育部《关于进一步加强高等学校计算机基础教学的意见暨计算机基础教学基本要求》中有关"大学计算机应用基础"课程的教学要求，结合作者近几年教学改革和实践经验编写而成。书中主要介绍了 Windows 7 操作系统的基本操作、Office 2010 的几个主要应用软件，内容包括 Word 基础知识与应用、Excel 基础知识与应用和 PowerPoint 基础知识与应用，以及高校毕业论文的写作和格式编排等内容。全书采用任务驱动模式，以 Office 办公软件案例为出发点，紧密围绕办公、教学过程中常用的文字处理、表格数据管理和演示文稿制作进行的讲解。本书为学习者搭起了学与用的平台，为读者充分展示了 Office 最实用的功能与应用。

本书适合作为高等学校"大学计算机应用基础"课程的教材，也可作为普通使用者学习 Office 办公软件操作的参考资料。

本书封面贴有清华大学出版社防伪标签，无标签者不得销售。
版权所有，侵权必究。侵权举报电话：010-62782989 13701121933

图书在版编目(CIP)数据

大学计算机应用操作指导/谭斌，易勇主编. —北京：清华大学出版社，2017
(高等学校计算机基础教育规划教材)
ISBN 978-7-302-47919-2

Ⅰ. ①大… Ⅱ. ①谭… ②易… Ⅲ. ①电子计算机－高等学校－教材 Ⅳ. ①TP3

中国版本图书馆 CIP 数据核字(2017)第 193504 号

责任编辑：汪汉友
封面设计：常雪影
责任校对：梁 毅
责任印制：杨 艳

出版发行：清华大学出版社
网 址：http://www.tup.com.cn，http://www.wqbook.com
地 址：北京清华大学学研大厦 A 座 邮 编：100084
社 总 机：010-62770175 邮 购：010-62786544
投稿与读者服务：010-62776969，c-service@tup.tsinghua.edu.cn
质 量 反 馈：010-62772015，zhiliang@tup.tsinghua.edu.cn
课 件 下 载：http://www.tup.com.cn，010-62795954
印 装 者：北京泽宇印刷有限公司
经 销：全国新华书店
开 本：185mm×260mm **印 张**：10 **字 数**：238 千字
版 次：2017 年 10 月第 1 版 **印 次**：2017 年 10 月第 1 次印刷
印 数：1～5500
定 价：29.00 元

产品编号：075497-01

前言

随着计算机技术的飞速发展，计算机在经济与社会发展中的地位日益提高。由于计算机科学发展迅速这一特点，计算机教育应面向社会、面向应用、与社会接轨、与时代同行。

为了适应21世纪的经济建设，优化人才的知识结构，提高计算机文化素质与应用技能，适应计算机科学技术和应用技术的迅猛发展，适应高等学校学生知识结构的变化，我们总结了多年的教学实践和组织计算机等级考试的经验，组织编写了本教材。编写过程中十分注重实践性和实用性。

本书是《大学计算机应用基础》(ISBN 978-7-302-47920-8)的配套教材，强调实验操作的内容、方法和步骤。目的是让学生在掌握基本理论的同时，熟悉每个章节的知识要点，提高动手能力，对知识进行全面了解和掌握。

全书包括与主教材对应的实验和习题。内容密切结合了教育部关于该课程的基本教学要求，兼顾计算机软件和硬件的最新发展，结构严谨、层次分明。在教学内容上，各高校可根据教学学时、学生的实际情况进行选取。

本书由易勇教授提出总体架构和创作思路，谭斌负责书稿编写的协调与组织工作。本书第一部分、第二部分由刘国芳编写；第三部分、附录A由石理想编写；第四部分、附录B、附录C由谭斌编写。

本书凝结了作者们多年的教学科研成果。在编写过程中，四川大学锦江学院杨家仕教授对本书提出了“实验课注重操作，培养学生动手能力”的希望；另外，我校计算机学院张文、钟声、王谨荣等同学对本书的实验和习题进行了一一验证；清华大学出版社的相关编校人员为本书付出了辛勤劳动，在此一并表示衷心感谢。

作　者

2017年8月

目录

第一部分　Windows 7 的基本操作

第二部分　文字处理软件 Word 2010

第三部分　电子表格处理软件 Excel 2010

第四部分　演示文稿 PowerPoint 2010

第一部分

Windows 7的基本操作

实验 1

Windows 7 的基本操作(一)

【实验目的】

(1) 掌握 Windows 7 的启动和关闭。

(2) 了解键盘上各个按键的功能。

(3) 掌握鼠标的操作及使用方法。

(4) 掌握汉字输入法的选用方法。

(5) 了解软键盘的使用。

【实验内容】

(1) 采用不同的方法启动和关闭计算机,并观察其过程。

(2) 键盘操作的简单练习。

(3) 鼠标操作的练习。

(4) 认识 Windows 7 提供的几种输入法。

(5) 汉字输入法的选择及转换。

(6) 全角与半角的转换及中英文字符的转换。

(7) 特殊符号的输入。

【操作步骤】

1. Windows 7 的启动和关闭

(1) Windows 7 的启动。启动计算机时,首先要连通计算机的电源,然后依次打开显示器电源开关和主机电源开关。稍后,屏幕上显示计算机的自检信息,通过自检后,计算机将显示欢迎界面,如果用户在安装 Windows 7 时设置了用户名和密码,将出现 Windows 7 登录界面,当启动成功后,就会进入 Windows 7 工作桌面。

另外,可采用如下方法重新启动 Windows 7。

① 通过“开始”菜单来重新启动。

② 按 Ctrl＋Alt＋Delete 组合键。

③ 按 Reset 键。

（2）Windows 7 的关闭。当用户不想使用计算机时，在“开始”菜单中单击“关机”按钮，即可关闭 Windows 7。

2. 键盘指法练习

（1）开机启动 Windows 7。

（2）在“开始”菜单中选择“程序”|“金山打字”选项，或双击桌面上的“金山打字”图标。

（3）根据屏幕左边的菜单提示，单击“打字练习”或“打字游戏”。

（4）根据屏幕指示进行英文输入，注意正确的姿势和指法。键盘的组成及各个按键的功能如表 1-1 所示。

（5）退出“金山打字”系统，关闭所有已打开的应用程序。

（6）关闭 Windows 7。

表 1-1 键盘的组成及各个按键的功能

键盘区	键　位	功能说明
主键盘区	英文字母	直接按键输入
	0～9 数码	
	双符键的下位键	
	Caps Lock	英文字母大小写转换键。大写状态时，Caps Lock 标志灯亮
	Shift	上档键。使用时应先按住 Shift 键，不松手再按字符键，可以得到双符键的上符号（上位键）或与当前英文大小写状态相反的字母
	←BackSpace	退格键。用来删除光标前的一个字符
	Enter	回车键。用来使计算机执行所输入的 DOS 命令
	Esc	退出键。退出已输入的 DOS 命令，屏幕显示“\”，并在下一行等待输入新命令
	Tab	制表键。使光标移动到下一制表位
	Alt	换档键。使用时应先按住 Alt 键，不松手再按其他键，可实现特定的功能
	Ctrl	控制键。使用时应先按住 Ctrl 键，不松手再按其他键，可实现特定的功能，在屏幕显示和书写时用“^”表示
	Pause Break	暂停键。用来使命令暂时停止执行，待按任意键后继续，常用作显示的暂停
	Print Screen	拷屏键

续表

键盘区	键　　位	功能说明
编辑/数字键盘区	↑	光标上移键
	↓	光标下移键
	←	光标左移键
	→	光标右移键
	Ins(Insert)	插入/替换转换键
	Del(Delete)	删除光标所在处的字符键
	Home	光标移于屏幕左上角控制键
	End	光标移到屏幕右下角控制键
	PgUp	屏幕上移一屏控制键
	PgDn	屏幕下移一屏控制键
功能键盘区	F1～F12	用来简化操作。功能键在不同软件中有不同的定义
辅助键盘区	↑、↓、←、→、Ins、Del、Home、End、PgUp、PgDn 等	集中了编辑/数字键盘区中的编辑按键

3. 鼠标操作及使用

在 Windows 7 环境中,鼠标是一个主要且常用的输入设备。常用的鼠标有机械式和光电式两种。鼠标的操作有单击、双击、右击、移动、拖曳、与键盘组合等。

(1) 单击:快速按下鼠标键并松开一次。单击左键可选定鼠标指针下面的任何内容,单击右键(右击)可打开鼠标指针所指内容的快捷菜单。一般情况下若无特殊说明,单击操作均指单击左键。

(2) 双击:快速击键两次(迅速地单击两次)。双击左键是首先选定鼠标指针下面的项目,然后再执行一个默认的操作。单击左键选定鼠标指针下面的内容,然后再按 Enter 键的操作,与双击左键的作用完全一样。若双击鼠标左键之后没有反应,说明两次单击的速度不够迅速。

(3) 右击:将鼠标的指针指向屏幕上的某个位置,用手指按下鼠标右键然后立即释放。当在特定的对象上右击时,会弹出相应的快捷菜单,通过选择相应的选项,可以方便地完成对所选对象的操作。不同的对象会出现不同的快捷菜单。

(4) 移动:不按鼠标的任何键移动鼠标,此时屏幕上鼠标指针相应移动。

(5) 拖曳:鼠标指针指向某一对象或某一点时,按住鼠标左键,同时移动鼠标至目的地时再松开,鼠标指针所指的对象即被移到一个新的位置。

(6) 与键盘组合:有些功能仅用鼠标不能完全实现,需借助于键盘上的某些按键组合才能实现所需功能。例如与 Ctrl 键组合,可选定不连续多个文件;与 Shift 键组合,选定的是单击的两个文件所形成的矩形区域之间的所有文件；与 Ctrl 键和 Shift 键同时组合，选定的是几个文件之间的所有文件。

4. 汉字输入练习

(1) 开机，启动 Windows 7。

(2) 在任务栏上的“开始”菜单中选择 Microsoft Word 2010 选项，启动 Word 2010。

(3) 单击任务栏上的输入法按钮，选择一种输入法后，在 Word 2010 的编辑状态下，输入一些文字。

(4) 单击输入法状态条上的半月形或圆形按钮，可实现半角与全角的转换。

(5) 单击输入法状态条上的标点符号按钮，可实现英文标点符号与中文标点符号的转换。

(6) 按 Shift+Ctrl 组合键，可切换选择需要的输入法；按 Ctrl+空格组合键，可使输入法在英文与所选择的中文之间转换。

(7) 需输入符号时，打开“插入”选项卡的“符号”或“特殊符号”组中选择所需的符号。

(8) 退出 Word 2010 及关闭所有已打开的应用程序。

(9) 关闭 Windows 7。

5. 软键盘的使用

右击输入法状态栏的“软键盘”按钮，显示软键盘菜单，单击其中一个，即可将其设置为当前软键盘。单击输入法状态栏的“软键盘”按钮，可以显示或隐藏当前软键盘。软键盘菜单与数字序号软键盘如图 1-1 所示。

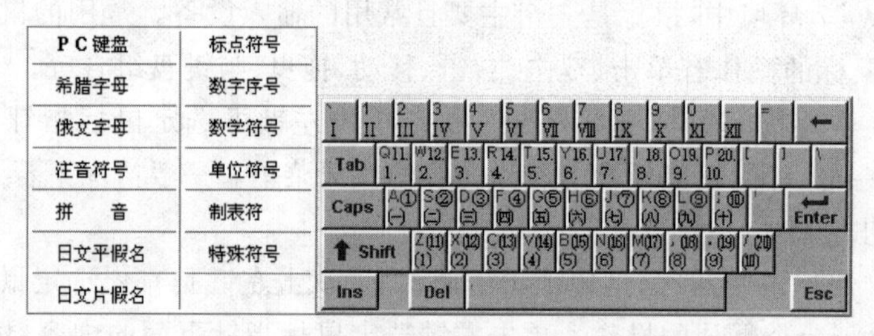

图 1-1　软键盘菜单与数字序号软键盘

【思考与练习】

(1) 右击不同的位置，弹出的快捷菜单一样吗？

(2) 中英文标点符号如何进行输入？

(3) 为什么输入的字母距离间隔有的时候大，有的时候小？

实验 2

Windows 7 的基本操作(二)

【实验目的】

(1) 熟悉 Windows 7 的桌面及桌面图标。

(2) 熟悉任务栏及“开始”菜单的定制与使用。

(3) 管理 Windows 7 的窗口。

【实验内容】

(1) 定制桌面图标。

(2) 将常用的程序放到“开始”菜单最前面。

(3) 整理任务栏,提高常用程序使用效率。

(4) 定制个性化桌面。

【操作步骤】

【案例 2-1】 定制桌面图标。

在桌面上自定义显示常用程序的图标并调整图标大小,然后自定义分类排列桌面图标,使操作更加直观。操作步骤如下:

(1) 设置桌面上系统图标是否显示。

① 单击“开始”按钮,打开“开始”菜单,如图 2-1 所示。

② 右击桌面,从弹出的快捷菜单中选择“个性化”选项,如图 2-2 所示。

③ 选中“计算机”复选框,此时即可在桌面上显示“计算机”图标。

按照同样的方法,还可设置在桌面上显示或不显示“控制面板”图标和“用户文档”图标。图 2-2(b)所示为显示在桌面上的“计算机”“控制面板”和“用户的文件”图标。

(2) 将常用应用程序的快捷方式图标放置桌面。

① 在“开始”菜单的“所有程序”列表中选中某个常用应用程序,或者在某个文件夹选中一个常用应用程序。

② 右击,弹出快捷菜单。

图 2-1 “开始”菜单

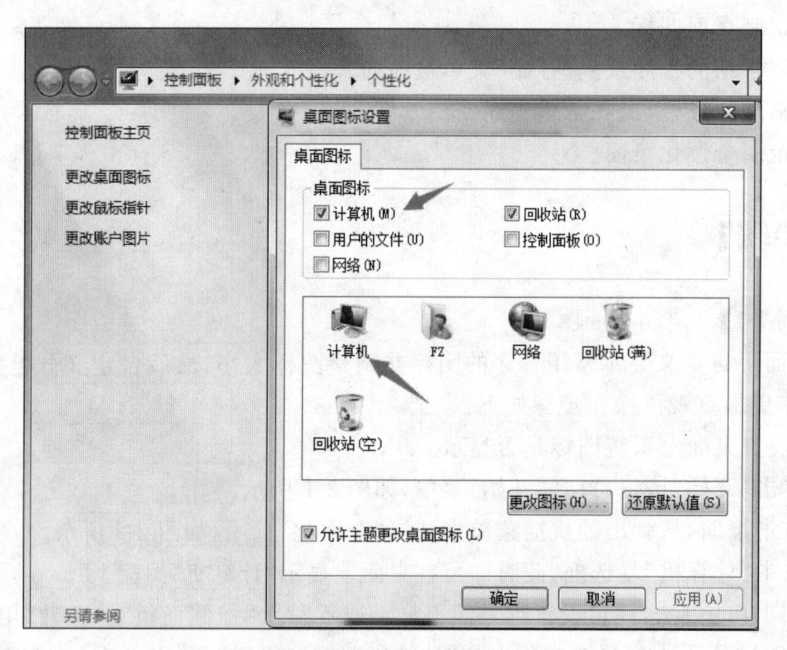

图 2-2 快捷菜单及桌面图标示意

③ 在快捷菜单中选择“发送到”选项，展开子菜单。

④ 在子菜单中选择“桌面快捷方式”选项，此时桌面上将显示该应用程序的图标。为“开始”菜单“所有程序”列表中的图像处理软件 Photoshop 创建快捷方式图标并将其发送

至桌面的操作如图 2-3 所示。

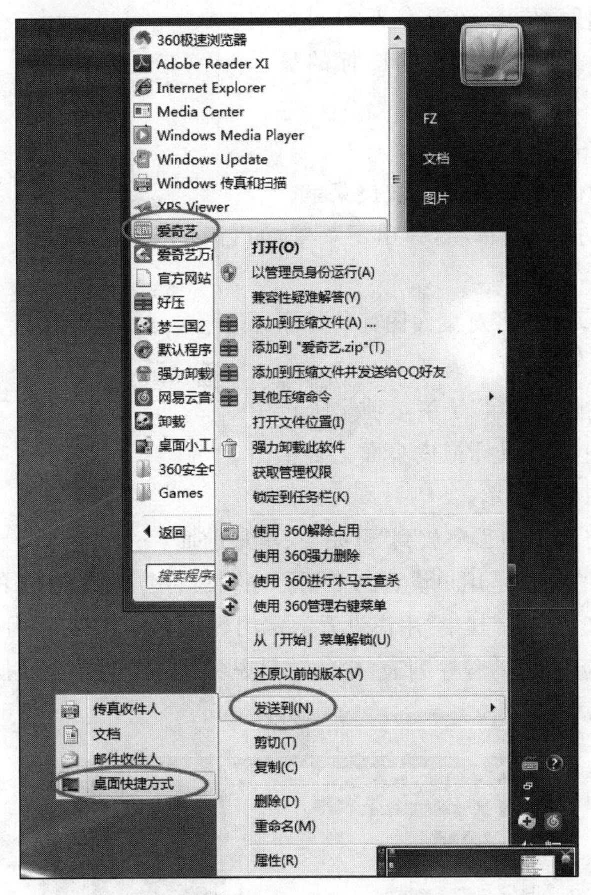

图 2-3　创建快捷方式图标并放置桌面

(3) 改变桌面图标的大小。

① 在桌面任意位置右击,弹出快捷菜单。

② 选择“查看”选项,弹出子菜单,如图 2-4 所示。

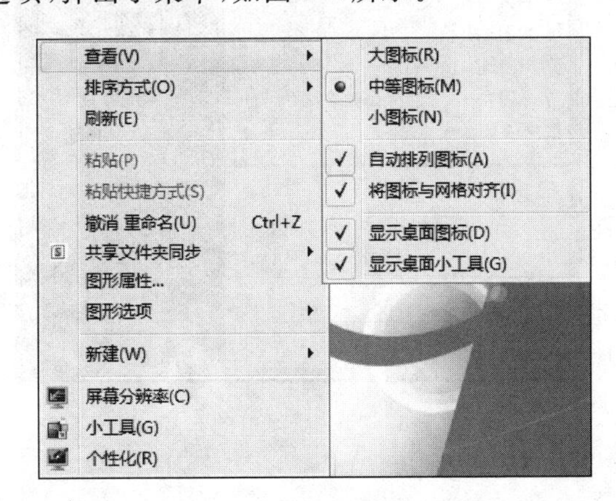

图 2-4　“查看”子菜单

③ 选择相应菜单项，可以对是否显示桌面图标以及图标的大小等进行设置；此外，将鼠标指针放在桌面任意位置，在按住 Ctrl 键的同时转动鼠标滚轮，可直接改变桌面图标的显示大小。

(4) 设置桌面图标的排列方式。

① 在桌面任意位置右击，弹出快捷菜单。

② 选择"排序方式"菜单项，弹出子菜单，如图 2-5 所示。

③ 选择相应菜单项，可对桌面图标的排序原则进行设置。

此外，当"自动排列图标"子菜单项呈未选中状态时，用户可以直接用鼠标拖曳桌面上各个图标到指定位置，如图 2-4 所示。

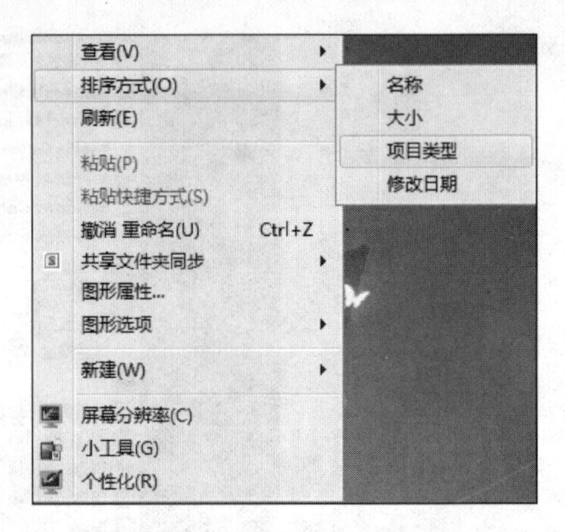

图 2-5 "排序方式"子菜单

【案例 2-2】 将常用的程序放到"开始"菜单最前面。

在"开始"菜单的左列是用户设置的常用程序列表、用户最近使用的程序列表和"所有程序"列表，如图 2-6 所示。其中"用户设置的常用程序列表"中的项目是由用户自行添加或删除的；"用户最近使用的程序列表"中的项目是系统根据用户使用软件的频率自动添加的，其项目数默认为 10 个。

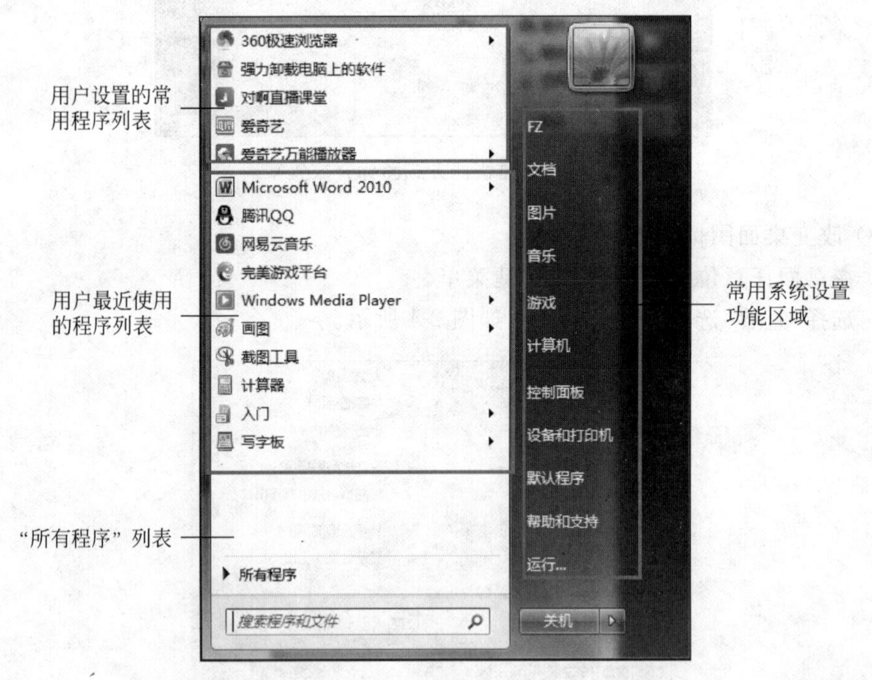

图 2-6 "开始"菜单的布局

操作步骤：

(1) 设置"用户最近使用的程序列表"中的项目数(本例设为 8)。

① 右击任务栏空白处，弹出快捷菜单，如图 2-7 所示。

② 选择“属性”选项，打开“任务栏和「开始」菜单属性”对话框，如图 2-8 所示。

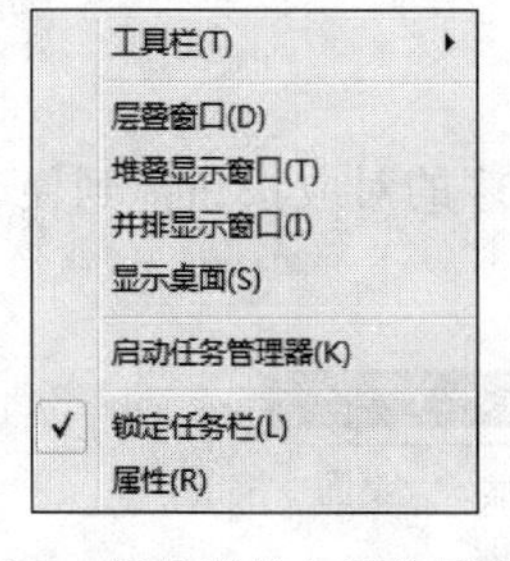

图 2-7 任务栏的右键快捷菜单

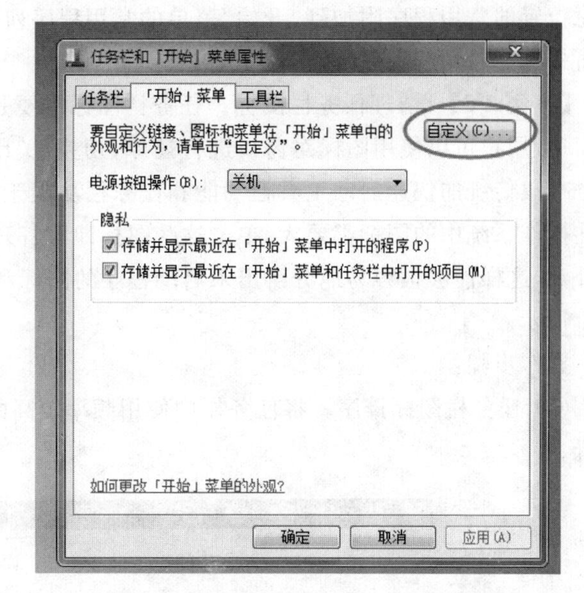

图 2-8 “任务栏和「开始」菜单属性”对话框

③ 单击“自定义”按钮，打开“自定义「开始」菜单”对话框，将“要显示的最近打开过的程序的数目”设置为 8，如图 2-9 所示，单击“确定”按钮完成设置。

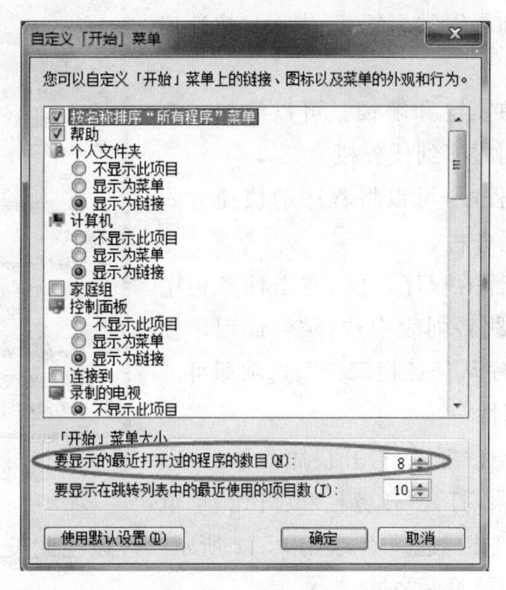

图 2-9 “自定义「开始」菜单”对话框

(2) 将用户常用的程序从“所有程序”列表附加到“常用程序列表”。

① 在“所有程序”列表中选中需要添加的程序快捷方式图标。

② 将其拖至“开始”按钮上略作停留，直到出现“开始”菜单的常用程序列表。

③ 将其拖到常用程序列表区域释放鼠标，即可完成添加。类似的操作，可以将位于任意位置的常用程序附加到“开始”菜单的常用程序列表中，这样只要打开“开始”菜单，就可直接选择常用的程序了。

【案例 2-3】 清理任务栏图标。任务栏图标主要是用来显示用户桌面当前打开的程序窗口，用户可以使用图标对窗口进行还原、切换、关闭等操作。Windows 7 操作系统的任务栏集传统的快速启动工具栏功能和任务栏功能于一身，并且任务栏上的图标明显比以往操作系统中的图标都要大，单击这些图标即可打开对应的应用程序，图标也转换为按钮外观，这样能够很容易地分辨出未启动程序的图标和已运行程序窗口按钮的区别，如图 2-10 所示。

操作步骤：

(1) 任务栏图标排序。将任务栏中使用频率较高的程序的对应按钮拖到便于操作的位置。

图 2-10　任务栏

(2) 使用跳转列表。右击任务栏上任意一个按钮(图标)，就会看到 Windows 7 的跳转列表，如图 2-11 所示，其中显示了 Word 应用程序最近使用项目的功能和程序常规任务，供用户快速启动所需项目。

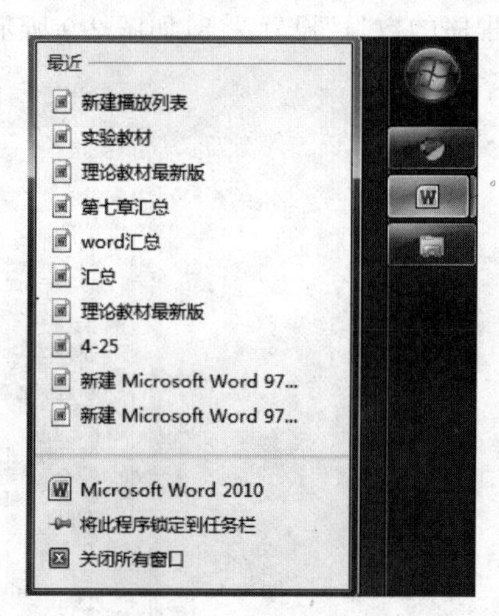

图 2-11　跳转列表

(3) 任务栏图标的锁定和解锁。可以添加或删除使用频率较高的应用程序到任务栏。

① 对于未运行的程序，可以将程序的快捷方式图标直接拖到或拖离任务栏。

② 对一个正在运行的程序，可以右击任务栏中的相应图标，在弹出的跳转列表中选择“将此程序锁定到任务栏或“将此程序从任务栏解锁”，选项即可。

(4) 设置任务栏属性。

① 右击任务栏的空白区域，打开快捷菜单。

② 选择“属性”选项，打开“任务栏和「开始」菜单属性”对话框，选择“任务栏”选项卡，如图 2-12 所示。可以在此设置任务栏的外观、位置或改变任务栏图标按钮的显示方式。

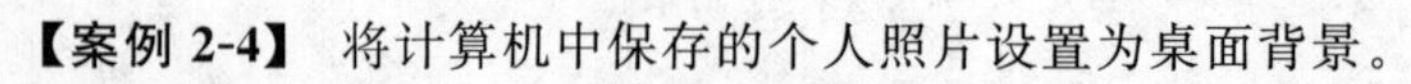

【案例 2-4】 将计算机中保存的个人照片设置为桌面背景。

Windows 7 允许用户将计算机中的任意图片文件设置为桌面背景。因为照片文件的分辨率与屏幕分辨率可能不同，所以在设置过程中要注意调整照片的排列方式。

操作步骤：

(1) 在桌面空白处右击，从弹出的快捷菜单中选择"个性化"选项，打开"个性化"窗口，如图 2-13 所示。

(2) 单击"桌面背景"图标，打开"桌面背景"窗口，如图 2-14 所示。

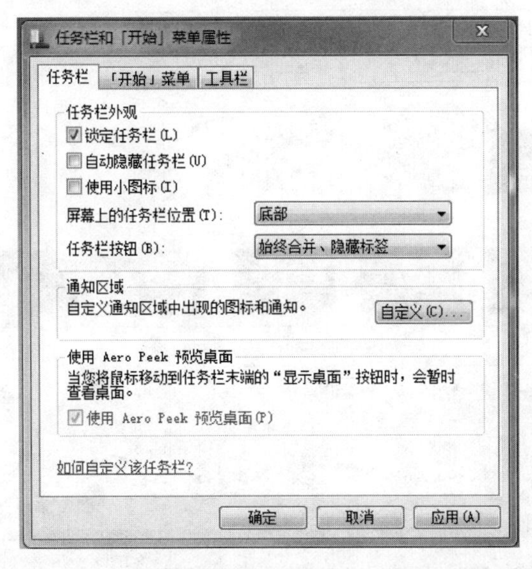

图 2-12 "任务栏和「开始」菜单属性"对话框

图 2-13 "个性化"窗口

(3) 单击"图片位置"下拉列表框后的"浏览"按钮，打开"浏览文件夹"对话框，如

图 2-14 “桌面背景”窗口 1

图 2-15 所示。

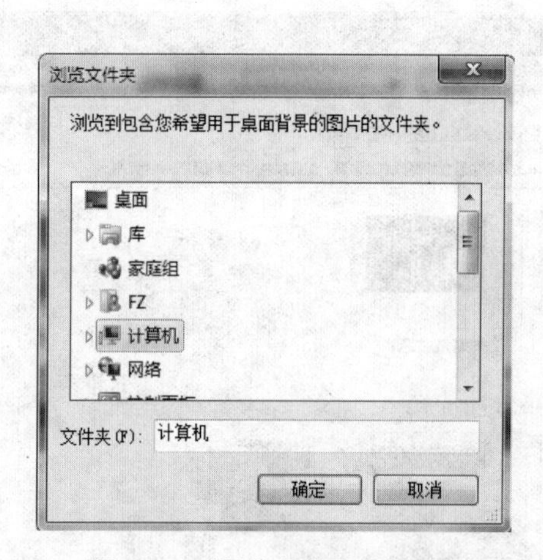

图 2-15 “浏览文件夹”对话框

(4) 选择照片文件所在的目录，单击“确定”按钮，返回“桌面背景”窗口，其列表框中将显示所选目录中的所有图片。

(5) 选择要设置为桌面背景的图片，并在“图片位置”下拉列表中选择一个排列方式，如图 2-16 所示。

(6) 单击“保存修改”按钮，即可将所选图片设置为桌面背景。

图 2-16 “桌面背景”窗口 2

【思考与练习】

(1) 利用 Windows 7 的“并排显示窗口”功能校对文件。

(2) 用两种不同的方法打开“资源管理器”，然后将其关闭。

(3) 打开资源管理器，通过目录树(即左侧窗格)及内容显示区(右侧主区域)两个不同区域查看 C:\Windows 文件夹，并比较在两个区域中操作的不同处。最后在此位置练习对多个文件的选定(连续的、不连续的、全部的)。

(4) 文件、文件夹及快捷方式的操作。

操作提示：打开资源管理器之后，按题目要求到达相应位置(例如 C:\Windows 文件夹)，在窗口右边区域的空白处右击，从弹出的快捷菜单的“查看”子菜单中选择一种查看方式。例如选“详细信息”，在此查看方式下查看文件名称、大小，如图 2-17 所示。单击该区域上方的文字，例如“名称”“修改日期”“类型”“大小”等，可以对文件进行相应的排序显示，通常这对用户查找文件有所帮助。

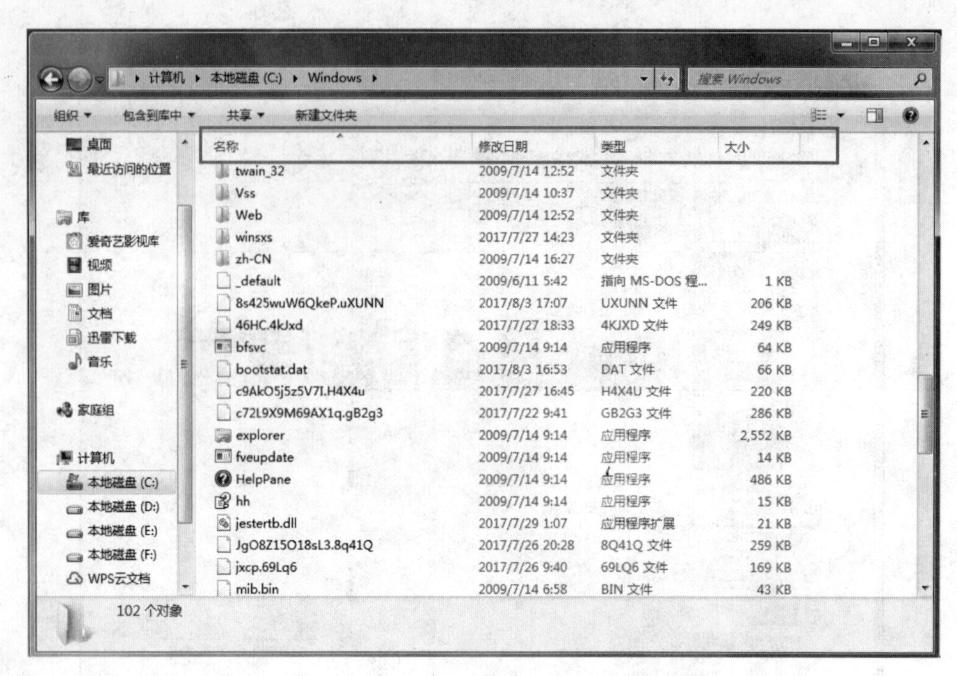

图 2-17 “详细信息”查看方式

实验3

Windows 7的文件管理

安装的操作系统、各种应用程序以及编排的信息和数据等都是以文件的形式保存在计算机中的。文件与文件夹的管理也是学习计算机时必须掌握的基础操作。

【实验目的】

(1) 掌握文件与文件夹的查看方法。

(2) 掌握文件和文件夹的管理方法。

(3) 搜索计算机中的文件与文件夹。

(4) 文件与文件夹的高级管理。

(5) 掌握回收站的管理。

【实验内容】

(1) 整理计算机中的文件。

(2) 删除计算机中的无用文件到回收站中,再清空回收站。

(3) 使系统不显示计算机中重要的个人文件夹及文件。

(4) 使用搜索功能搜索某个特定文件。

【操作步骤】

【案例3-1】 整理计算机中的文件。为了使计算机中的文件存放更加有条理,便于查看和使用,就需要定期对文件进行整理。

操作步骤如下:

(1) 建立分类文件夹。本步骤创建文件目录结构如图3-1所示。

① 打开"计算机"窗口,双击"本地磁盘(F:)"图标,进入F盘中,如图3-2(a)所示。

② 单击窗口工具栏中的"新建文件夹"按钮,新建一个空白文件夹。

图3-1　创建文件目录结构

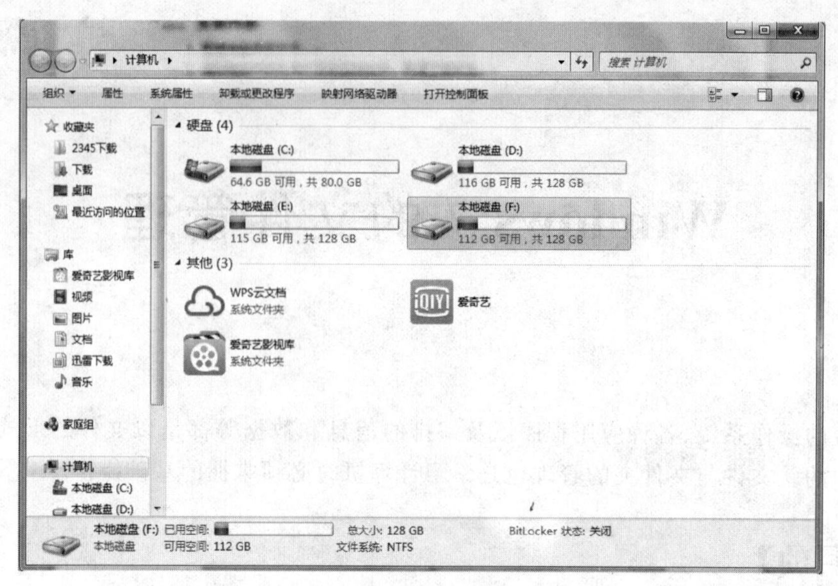

(a) “计算机” 窗口

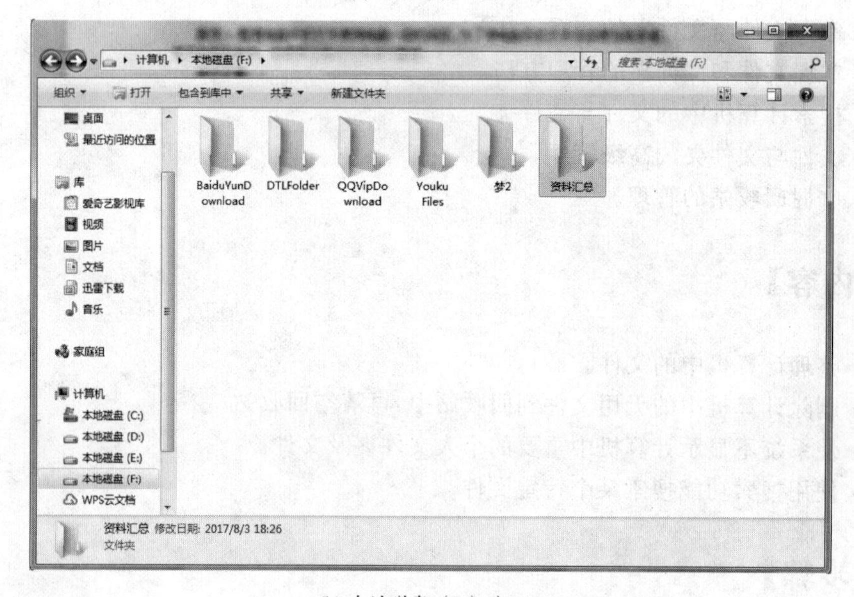

(b) 本地磁盘（F:）窗口

图 3-2　窗口

③ 输入文件夹名称“资料汇总”，如图 3-2(b)所示。

④ 双击“资料汇总”文件夹图标，进入文件夹窗口中，重复步骤②，再新建一个空白文件夹。

⑤ 选中新建文件夹，单击窗口工具栏“组织”按钮，从弹出的快捷菜单中选择“复制”选项，如图 3-3 所示。

⑥ 单击“组织”按钮，从弹出的快捷菜单中选择“粘贴”选项，复制一个文件夹副本。

⑦ 逐个选中文件夹，选择“组织”|“重命名”菜单项，分别将两个文件夹命名为“公司

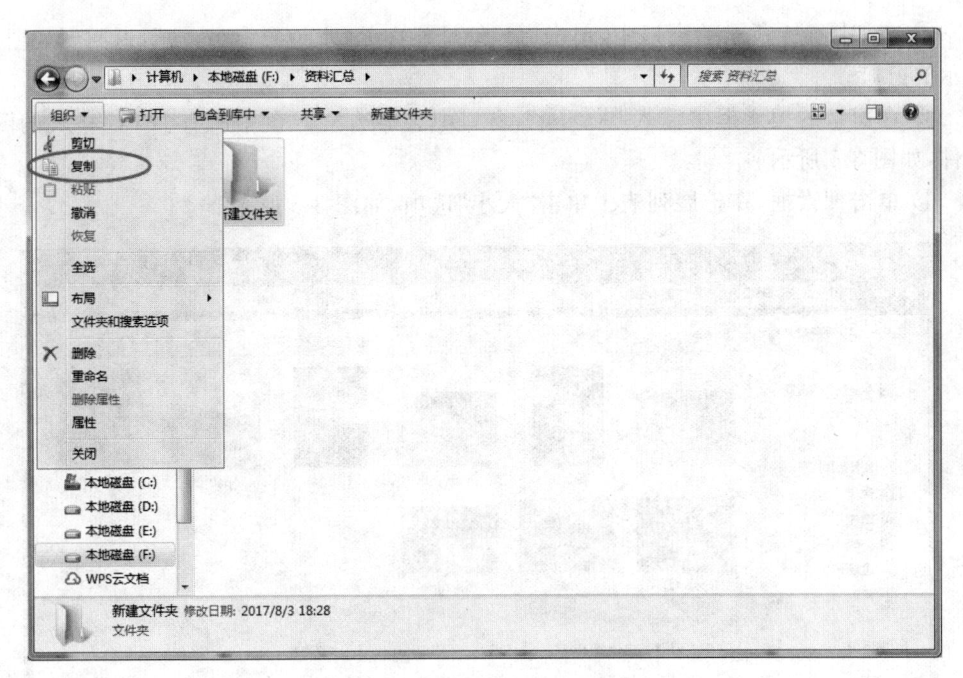

图 3-3　复制所选中的文件夹

文件”和“拍摄照片”,效果如图 3-4 所示。

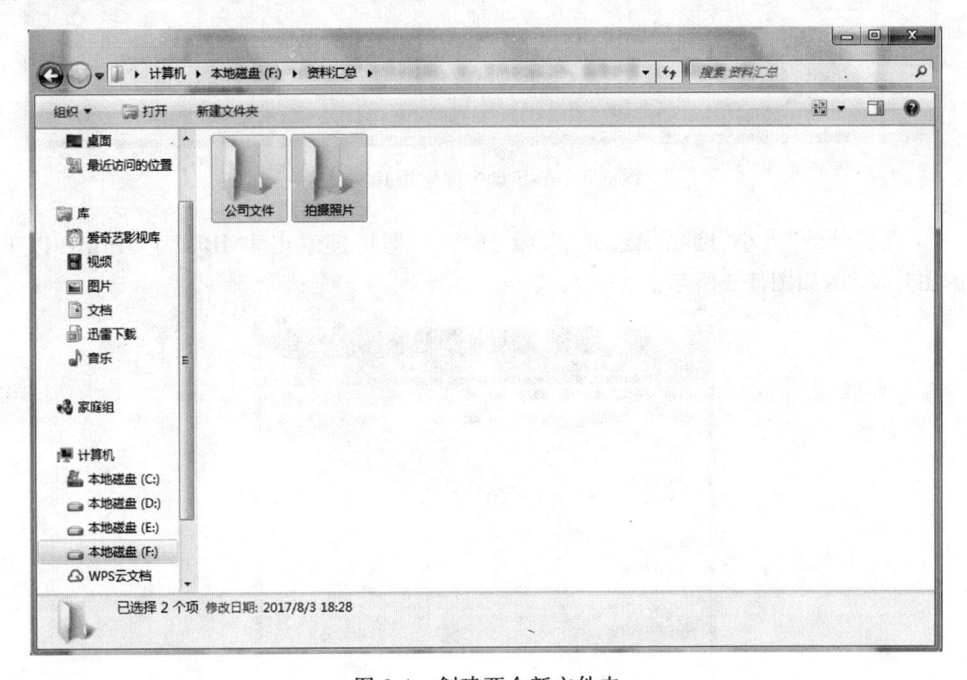

图 3-4　创建两个新文件夹

(2) 查找要分类存放的零散文件。

本例中搜索 F 盘中所有的图片文件。

① 在如图 3-4 所示的窗口中，单击窗口地址栏中的“本地磁盘(F:)”，返回到如图 3-2 所示的窗口。

② 在窗口的搜索框中输入“*.jpg”，窗口中会筛选出 F 盘中所有 JPEG 格式的图片文件，如图 3-5 所示。

③ 单击搜索框，在扩展列表中单击“大小”选项，如图 3-5 所示。

图 3-5　在 F 盘中搜索图片文件

④ 在展开的“大小”选项中选择“大(1-16M)”，即可搜索出 1MB 以上、16MB 以下大小的图片文件，如图 3-6 所示。

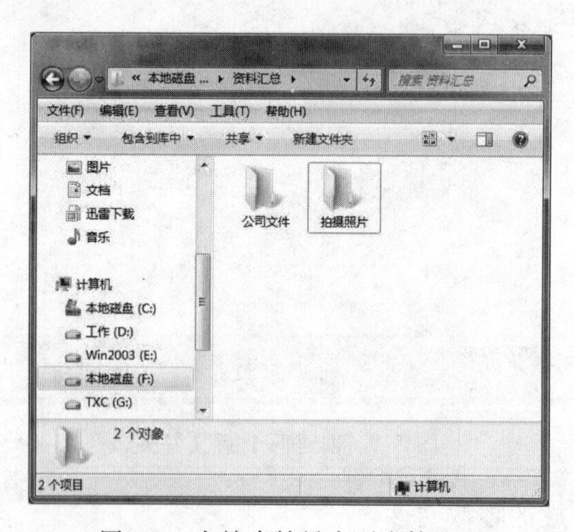

图 3-6　在搜索结果中再次筛选 1

(3) 移动文件到对应的文件夹中。

① 在搜索结果列表中拖动鼠标选择要移动的图片文件。

② 单击“组织”按钮,在下拉菜单中选择“剪切”选项,如图 3-7 所示。

图 3-7 在 F 盘中剪切图片文件

③ 切换到前面所建的“拍摄照片”文件夹窗口。

④ 单击“组织”按钮,从下拉菜单中选择“粘贴”选项,即可将剪切的图片全部移动到该文件夹中,也就完成了图片的整理,如图 3-8 所示。

在图 3-8 窗口的右侧所显示的图片是窗口中当前文件的预览,这个区域因此叫作预览区域。

【案例 3-2】 删除无用的文件与文件夹。在使用计算机过程中,及时清理计算机中的无用文件与文件夹是非常必要的,既有利于提高管理效率又节省存取空间。

操作步骤:

(1) 删除文件与文件夹到回收站。

① 打开文件夹窗口,选中一个或多个要删除的文件/文件夹,如图 3-9 所示。

② 单击“组织”按钮,从下拉菜单中选择“删除”选项,弹出如图 3-10 所示的“删除文件”确认对话框,单击“确定”按钮,即可将选中的文件或文件夹全部移动到回收站中。

(2) 彻底删除文件与文件夹。

① 打开“回收站”窗口,如图 3-11 所示。

② 单击工具栏中的“清空回收站”按钮,将彻底删除回收站中的所有文件。

③ 若仅需单独删除某个文件或文件夹,则选中后右击,从弹出的快捷菜单中选择“删除”选项,此时将弹出“删除文件”确认对话框,如图 3-12 所示(可比较与图 3-10 的差异),

图 3-8　在搜索结果中再次筛选 2

图 3-9　选择要删除的文件并执行"删除"命令

图 3-10 “删除文件”确认对话框 1

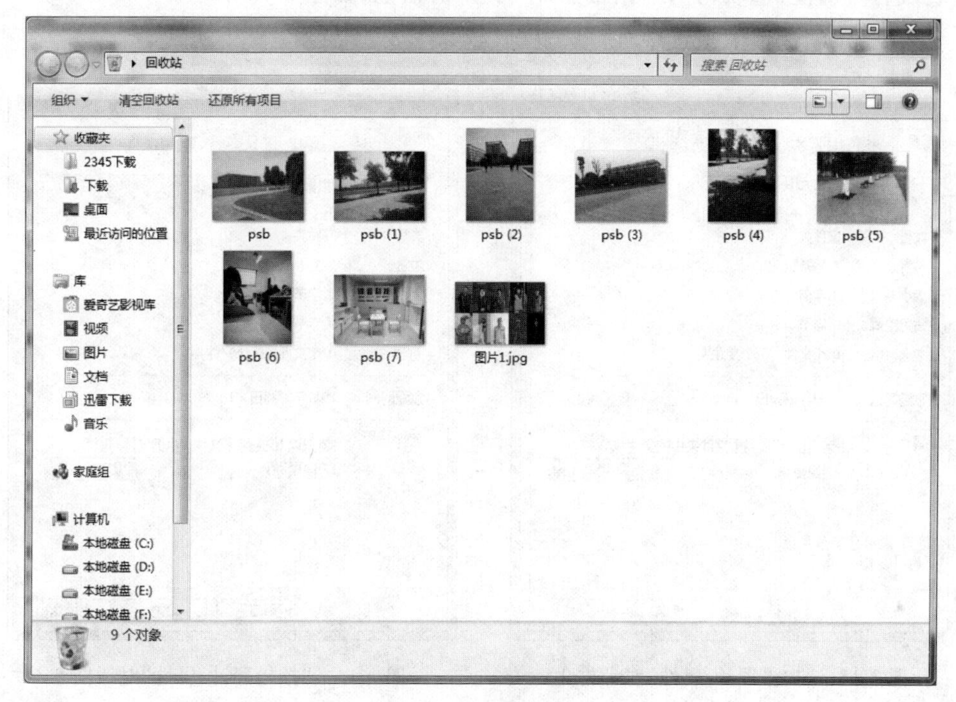

图 3-11 “回收站”窗口

单击“确定”按钮,将所选中的文件或文件夹彻底删除。

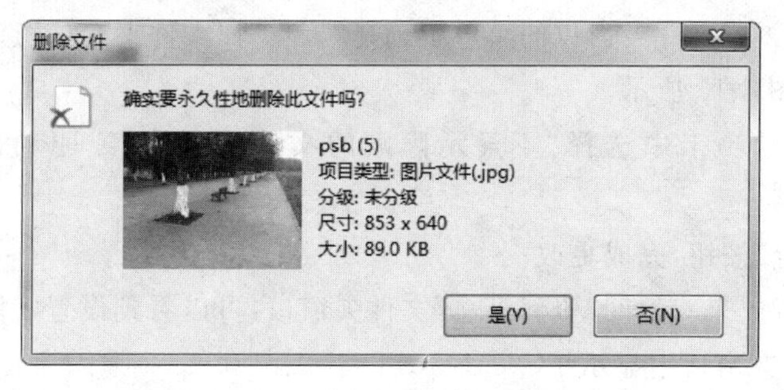

图 3-12 “删除文件”确认对话框 2

【案例 3-3】 设置系统,使之不显示计算机中重要的文件和文件夹。为了防止他人查看或修改计算机中的重要文件和文件夹,可以将它们隐藏起来,使所有计算机用户无法看到。隐藏文件夹时,还可以选择仅隐藏文件夹或者将文件夹中的文件与子文件夹全部隐藏。

操作步骤如下:

(1) 设置隐藏属性。

① 打开 F 盘的"资料汇总"文件夹窗口,右击要隐藏的"拍摄照片"文件夹,弹出快捷菜单。

② 选择"属性"选项,打开"拍摄照片 属性"对话框,如图 3-13 所示。

③ 在"常规"选项卡中选中"隐藏"复选框,如图 3-14 所示。

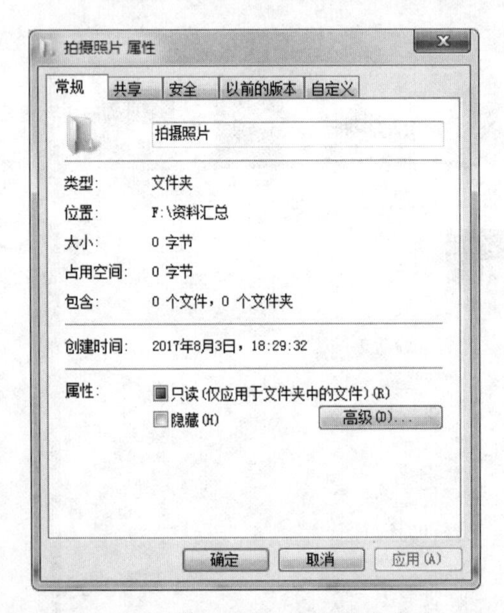

图 3-13 "拍摄照片 属性"对话框 1

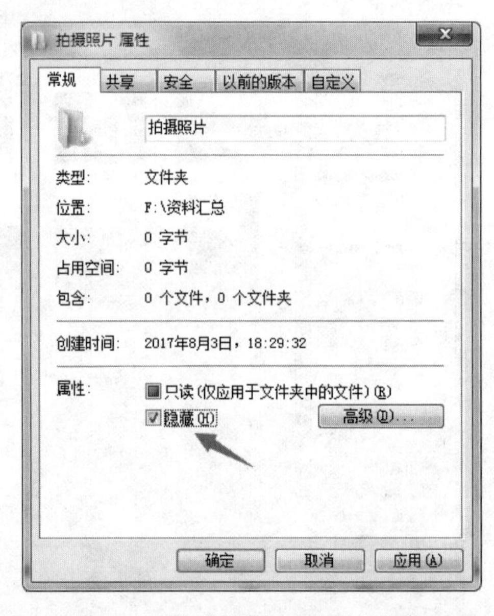

图 3-14 "拍摄照片 属性"对话框 2

④ 单击"确定"按钮,完成设置。

(2) 更改文件和文件夹查看方式。

① 在"资料汇总"文件夹窗口的菜单中选择"工具"|"文件夹选项"选项,打开"文件夹选项"对话框,如图 3-15 所示。

② 在"查看"选项卡中选择"不显示隐藏的文件、文件夹或驱动器"单选按钮,如图 3-16 所示。

③ 单击"确定"按钮,完成更改。

(3) 查看设置效果。返回"资料汇总"文件夹窗口,可以看到设置了隐藏属性的"拍摄照片"文件夹不再在窗口中显示了。

【案例 3-4】 使用搜索功能搜索某个特定文件。

随着计算机中的文件与文件夹越来越多,用户在查看指定文件时,如果忘记了文件名

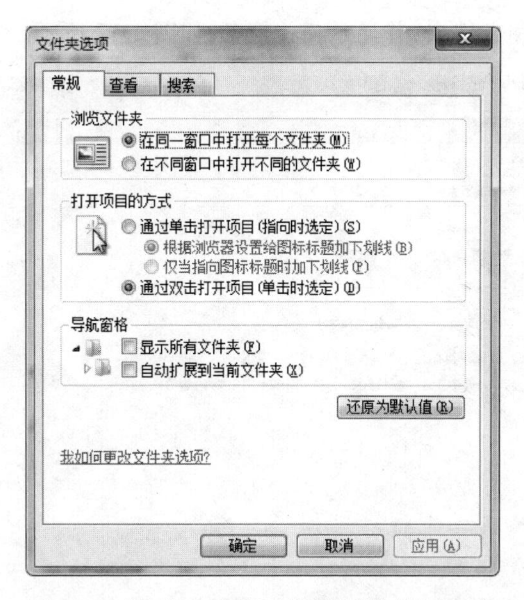

图 3-15 “文件夹选项”对话框的“常规”选项卡

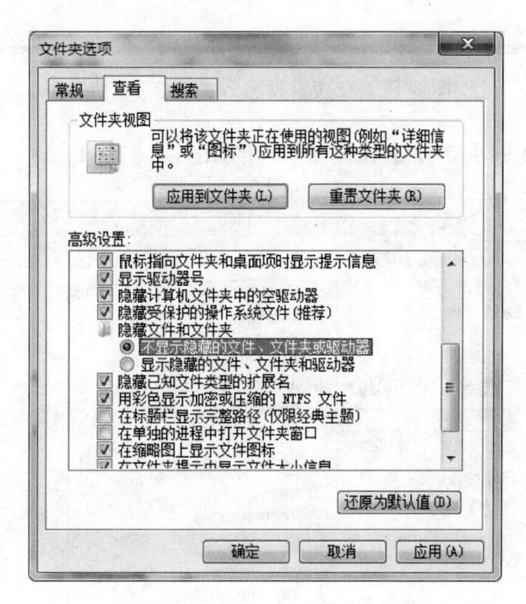

图 3-16 “文件夹选项”对话框的“查看”选项卡

称与保存位置,就会很难找到需要的文件。这时就可以通过 Windows 7 提供的搜索功能来快速搜索计算机中的文件与文件夹。

操作步骤:

(1) 打开“计算机”窗口。

(2) 在搜索框中输入要搜索的关键字的第一个字符,窗口中立刻自动筛选出包含该字符的文件与文件夹。

(3) 继续输入字符并完善关键字,系统会根据输入的内容自动继续搜索名称中包含该关键字的所有文件和文件夹，并显示相关信息，如图 3-17 所示。

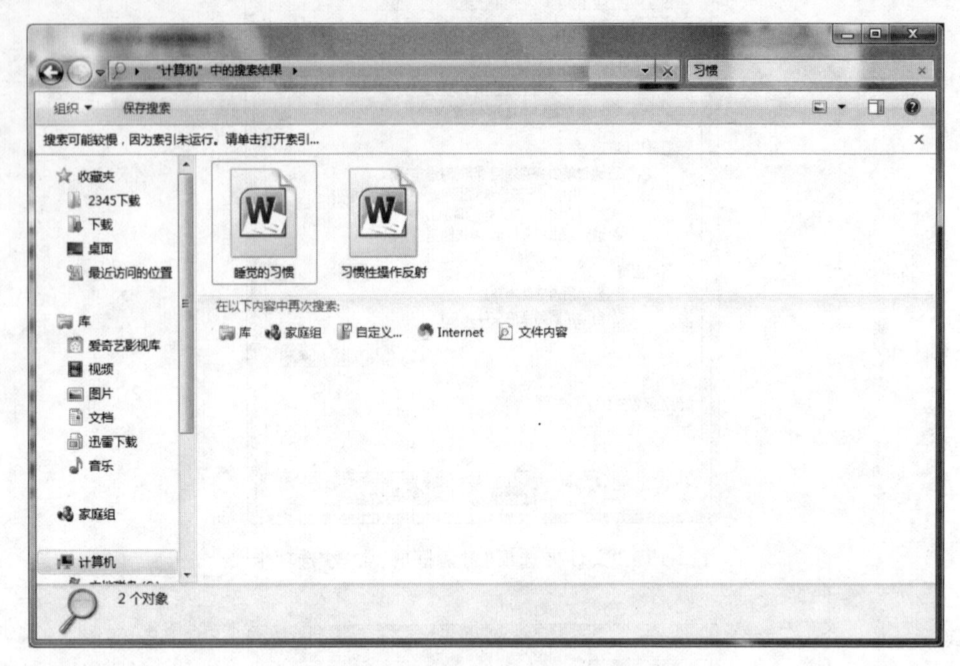

图 3-17　在搜索框输入关键字“习惯”

(4) 右击文件或文件夹，弹出如图 3-18 所示的快捷菜单。

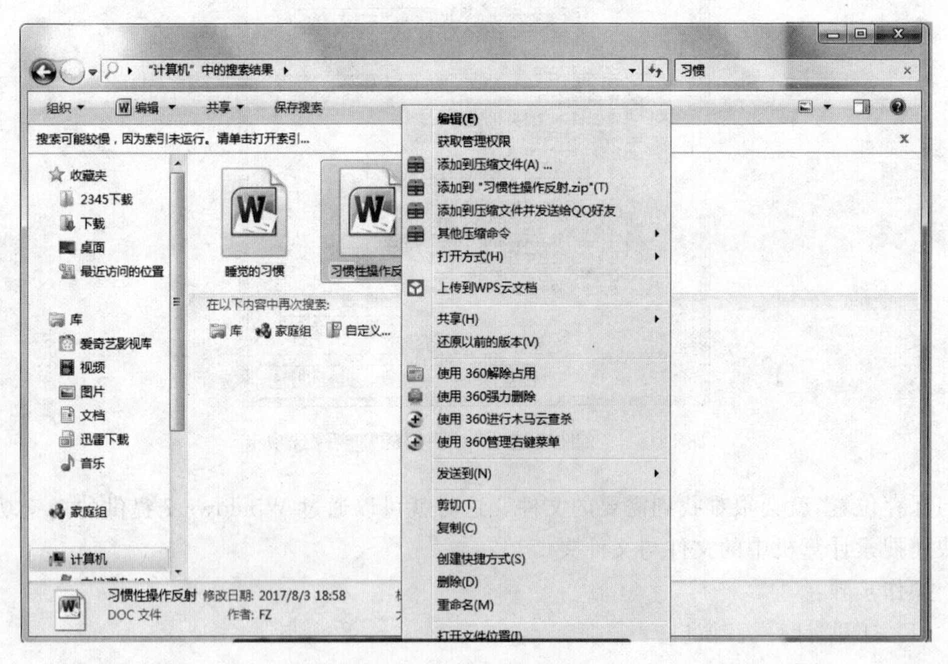

图 3-18　右键快捷菜单

(5) 选择“打开文件位置”选项，打开文件所在目录窗口，如图 3-19 所示。通过搜索框进行搜索时，首先需要进入相应的搜索范围窗口，例如打开“计算机”窗口直接进行搜索，那么搜索范围为所有磁盘；若进入D盘窗口进行搜索，则搜索范围为整个D盘；同样，如果进入下级文件夹中进行搜索，例如C：\\Windows目录，则搜索范围为Windows目录。

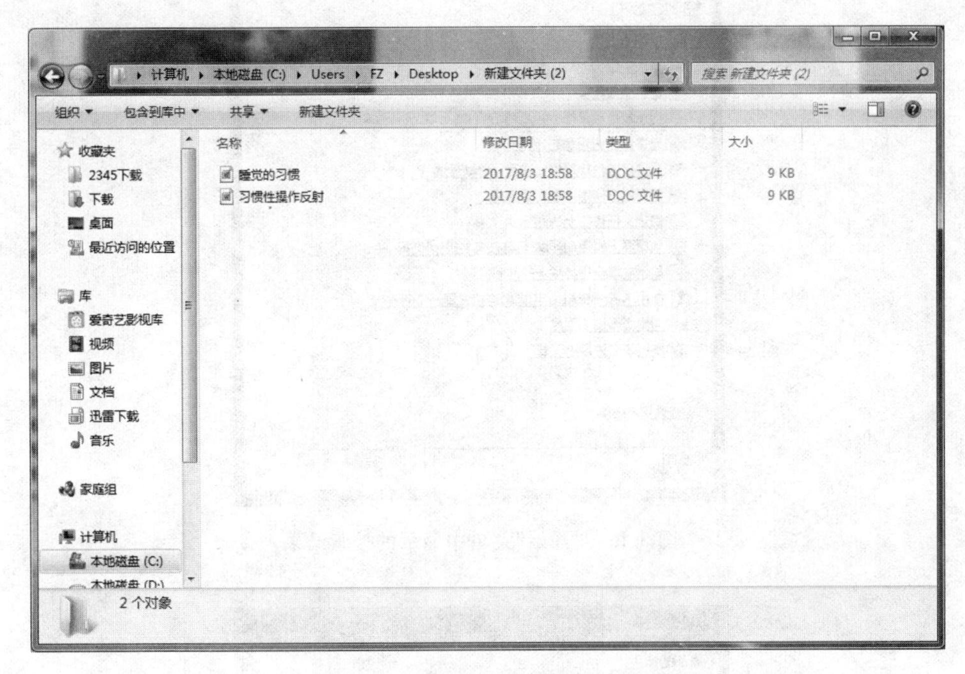

图3-19　直接打开文件所在文件夹

【思考与练习】

（1）桌面常用图标的显示与隐藏操作。“回收站”通常位于桌面上，但“回收站”也可能被隐藏了。同样其他常用桌面图标也可以被隐藏。显示或隐藏桌面上的“回收站”图标（其他类似）的步骤如下：

① 单击“开始”按钮，在“开始”菜单的“搜索”框中输入“桌面”，然后在搜索结果中单击“显示或隐藏桌面上的通用图标”，如图3-20所示。

② 在随后打开的如图3-21所示“桌面图标设置”对话框中执行以下操作之一：

- 若要隐藏某个图标，则清除其复选框；
- 若要显示某个图标，则选中其复选框。

③ 单击“确定”按钮。注意，即使“回收站”被隐藏，被删除的文件仍暂时存储在回收站中，直到用户选择将其永久删除或恢复。

（2）在计算机中新建若干个文件夹，分别设定不同的名称，而后将计算机中的文件分门别类放置到这些文件夹中。

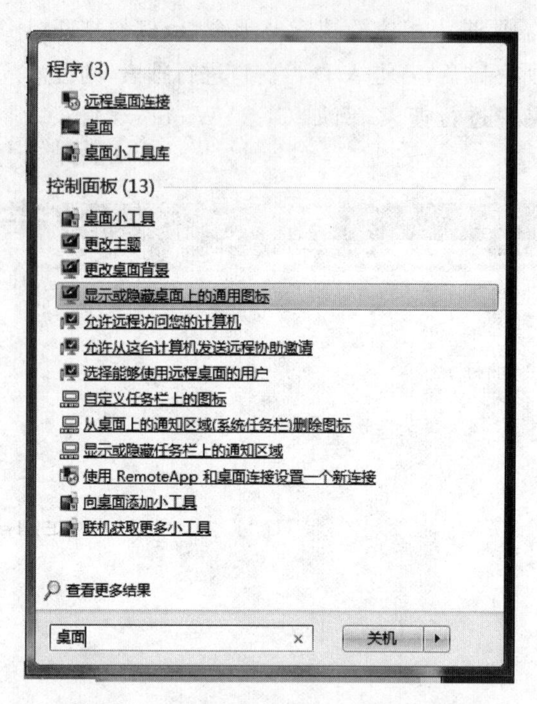

图 3-20 “开始”菜单中显示的搜索结果

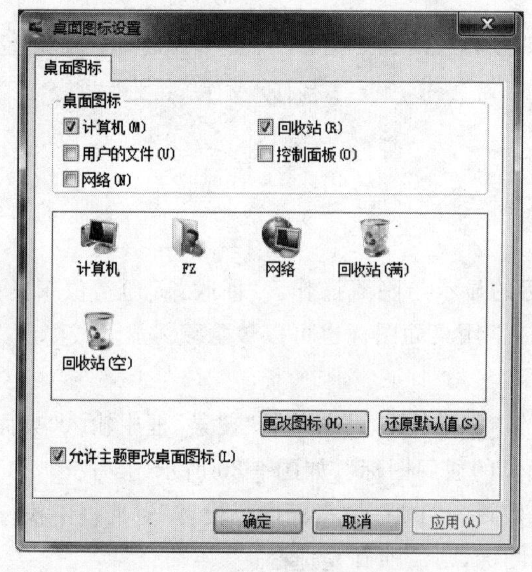

图 3-21 “桌面图标设置”对话框

实验 4

使用 Windows 7 的附带工具

【实验目的】

Windows 7 中附带了很多实用的工具，这些工具能够满足用户日常的各种需求，这样即使计算机中没有安装第三方软件，用户也能通过系统自带的工具进行基本的工作。

【实验内容】

（1）掌握“数学输入面板”的使用。
（2）掌握“录音机”的使用。
（3）掌握“截图工具”的使用。
（4）掌握“写字板”的使用。

【操作步骤】

【案例 4-1】 使用“数学输入面板”将公式 $y=\frac{2}{\sqrt{\pi}}\int_{0}^{\frac{1}{2}}\mathrm{e}^{-x^{2}}\mathrm{d}x$ 插入 Word 2010 文档中。

“数学输入面板”是 Windows 7 的一个附带工具，如图 4-1 所示，它使用 Windows 7 内置的数学识别器来识别手写的数学表达式，然后再将识别的数学表达式插入字处理程序或计算程序。

操作步骤：

（1）在“开始”菜单中选择“附件”|“数学输入面板”选项，打开“数学输入面板”窗口，如图 4-2 所示。

（2）在书写区域书写格式正确的数学表达式。

① 用鼠标在书写区域书写完整公式，如图 4-3 所示，从预览区域中可见手写识别存在误差。

② 单击更正按钮区域中的“选择和更正”按钮，然后在书写区域中标记（鼠标单击该符号或画一个圆圈选定被错误识别的表达式。）需要修改的部分。被标记的部分会显示为红色且包含在虚线框内，同时弹出相似符号选择列表，如图 4-4 所示。

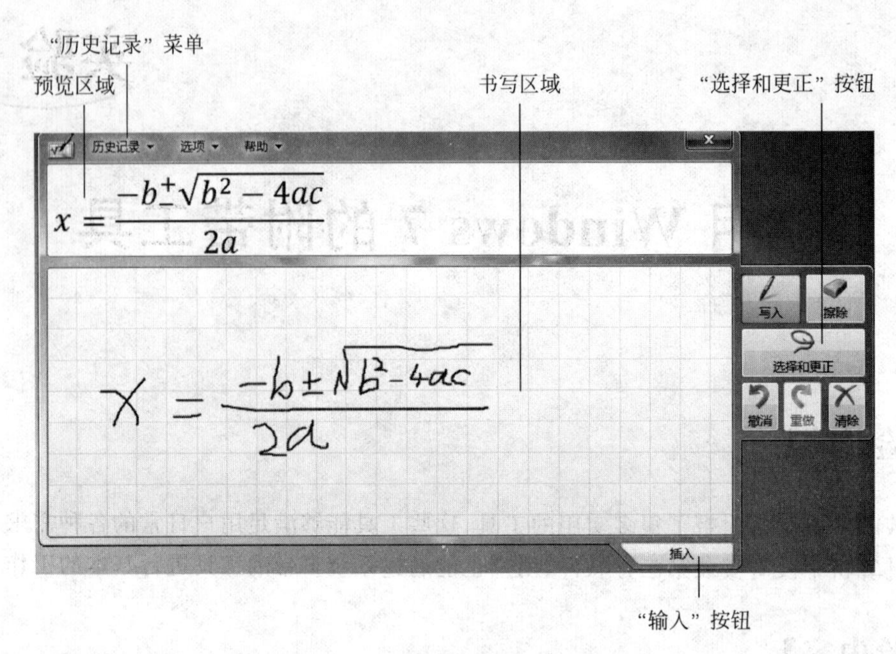

图 4-1 "数学输入面板"分区示意

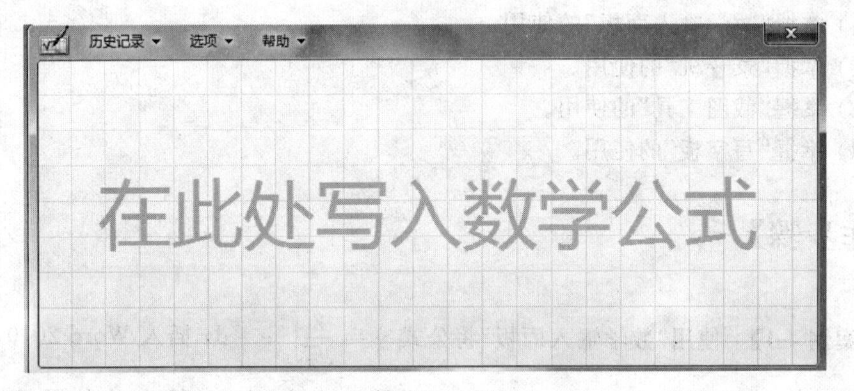

图 4-2 "数学输入面板"窗口

③ 选择正确的符号后,识别的数学表达式会显示在预览区域,如图 4-5 所示。

④ 如果书写的内容不在可选项列表中,也可以用"擦除"按钮和"写入"按钮重新改写选定的表达式。

(3) 打开欲插入数学公式的 Word 2010 文档,并确定光标位置。

(4) 当确认预览区域正确显示所需公式后,可单击"数学输入面板"下边的"插入"按钮,可以将识别的数学表达式插入当前的活动程序(本例为 Word 2010 文档)。

说明:如果在写完整个表达式之后再进行任何更正(而不是边写边更正),则很可能会正确地识别所输入的数学表达式。即表达式写入得越多,正确识别的机会就越大。

【案例 4-2】 使用"录音机"。使用"录音机"首先需要为计算机准备传声器(俗称麦克风或话筒)以及音箱(或耳麦),传声器用于录制声音,音箱则用于播放声音。

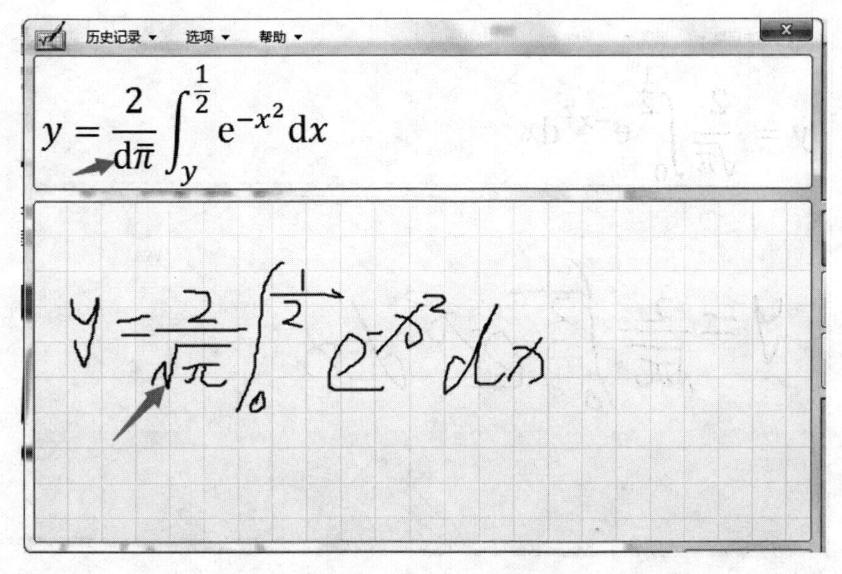

图 4-3　在“数学输入面板”中输入公式

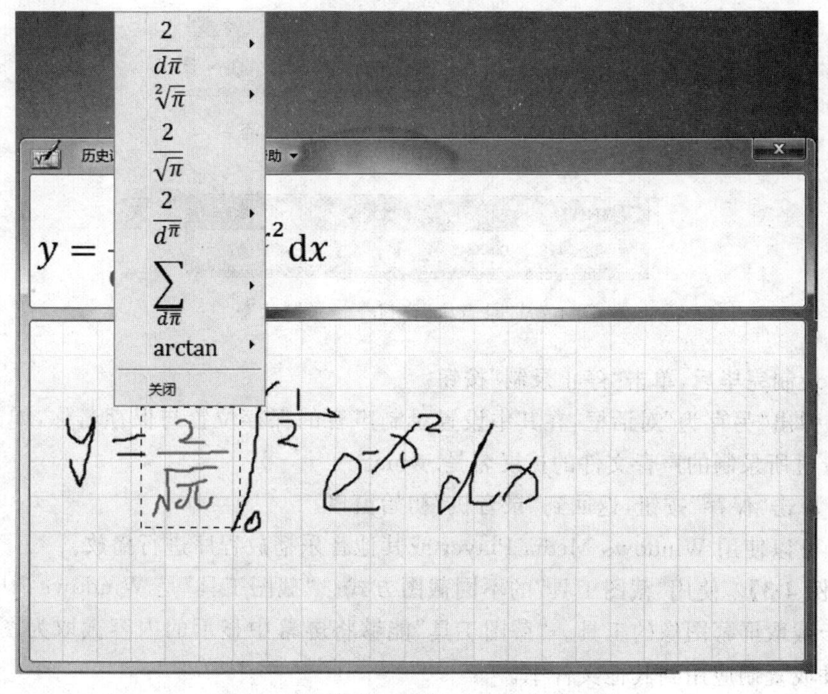

图 4-4　“数学输入面板”与相似符号列表

操作步骤：

(1) 从“开始”菜单中选择“附件”|“录音机”选项，打开“录音机”窗口，如图 4-6 所示。

(2) 单击“开始录制”按钮，并对着传声器朗读要录制的内容。在录制过程中，工具条中将显示声音的录制长度以及录制进度，如图 4-7 所示。

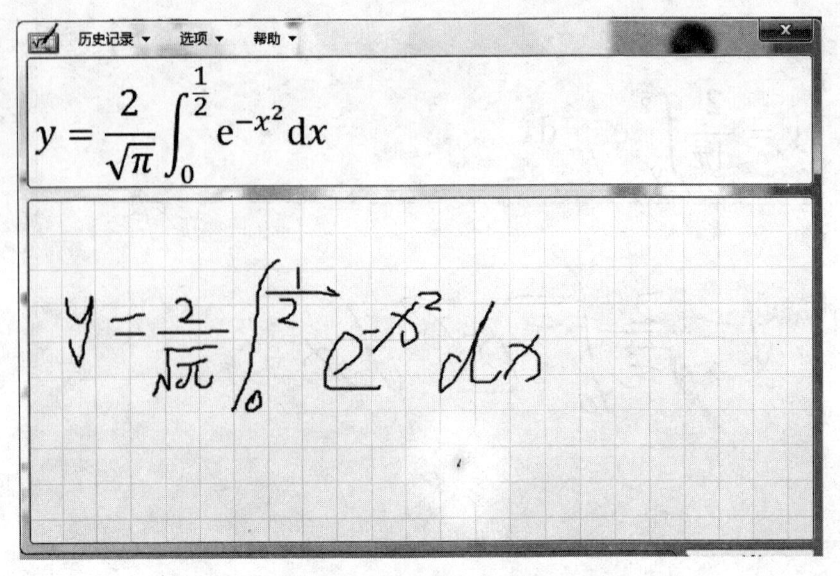

图 4-5　在“数学输入面板”中输入公式

图 4-6　“录音机”窗口——初始状态

图 4-7　“录音机”窗口——录制状态

(3) 录制完毕后，单击“停止录制”按钮。

(4) 弹出“另存为”对话框，在其中设置录制声音的保存位置与保存名称，如图 4-8 所示。录音机所录制的声音文件的扩展名是.wma。

(5) 单击“保存”按钮，返回到“录音机”初始窗口。

(6) 可以使用 Windows Media Player 或其他音乐播放程序进行播放。

【案例 4-3】 使用“截图工具”的不同截图方式。“截图工具”是 Windows 7 中自带的一款用于截取屏幕图像的工具。“截图工具”能够将屏幕中显示的内容截取为图片，并保存为文件或复制应用到其他文件中。

操作步骤：

(1) 启动“截图工具”。从“开始”菜单中选择“附件”|“截图工具”选项，打开“截图工具”窗口，如图 4-9 所示。

(2) 在图 4-9 中，单击“新建”按钮，从下拉菜单中选择其中一种截图方式。“截图工具”提供了 4 种截图方式，分别为“任意格式截图”“矩形截图”“窗口截图”和“全屏幕截图”，如图 4-10 所示。

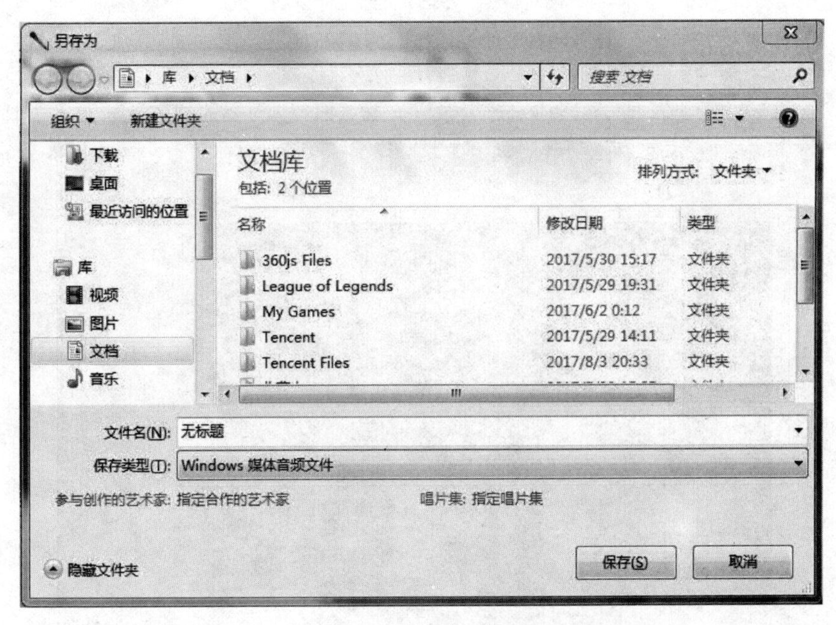

图 4-8 “另存为”对话框

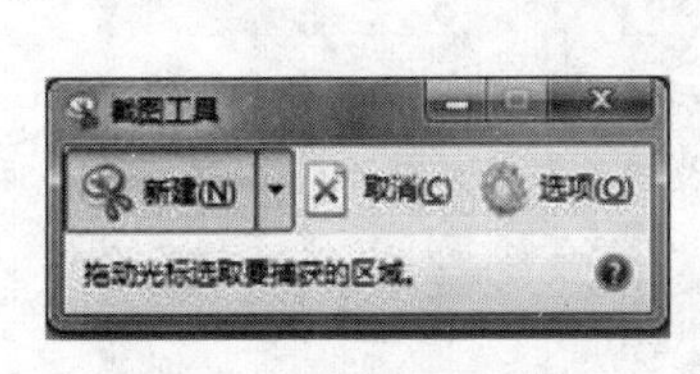

图 4-9 “截图工具”窗口

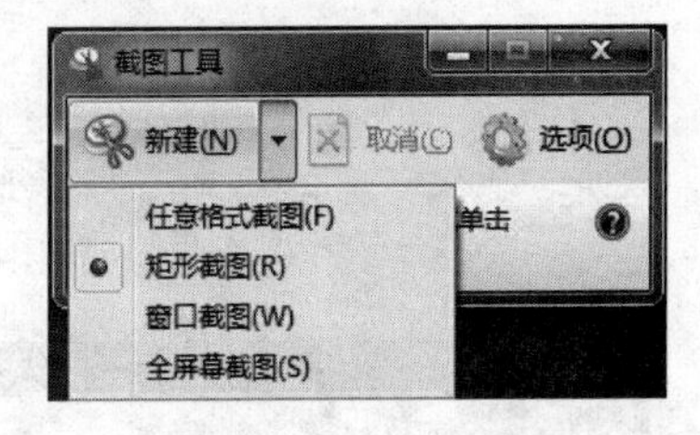

图 4-10 “截图工具”的 4 种截图方式

(3) 截取任意格式的图片。

① 在“截图工具”窗口中单击“新建”按钮，选取“任意格式截图”选项，此时鼠标呈剪刀状。

② 拖动鼠标在图片窗口中绘制线条，框选要截图的范围，如图 4-11 所示。

③ 松开鼠标键，即可将选取范围截取为图片并显示在“截图工具”窗口中，如图 4-12 所示。

④ 保存图片文件。

(4) 截取矩形区域的图片。

① 在“截图工具”窗口中单击“新建”按钮，选取“矩形截图”方式，此时鼠标呈十字形。

② 拖动鼠标在图片窗口中绘制矩形，选取要截图的范围，如图 4-13 所示。

③ 松开鼠标键，即可将选取范围截取为图片并显示在截图工具窗口中，如图 4-14 所示。

④ 保存图片文件。

(5) 截取窗口。

① 在图 4-10 中选取“窗口截图”方式，此时鼠标指针呈手形。

图 4-11　原始图片窗口及线条框选

图 4-12　以“任意格式截图”方式截图 1

图 4-13　原始图片窗口及矩形框选

图 4-14　以“矩形截图”方式截图 2

② 将鼠标指针指向图片窗口并单击，即可将所选窗口截取为完整的图片，如图 4-15 所示。

图 4-15　以"窗口截图"方式截图

③ 保存图片文件。

(6) 截取全屏幕。

① 在图 4-10 中选取"全屏幕截图"方式，整个显示器屏幕中的图像就会自动被截取并显示在截图工具窗口中，如图 4-16 所示。

② 保存图片文件。

【案例 4-4】 "写字板"的使用。使用 Windows 7 自带的"写字板"工具可以创建和编辑带复杂格式的文档。以此为例，练习窗口、菜单和对话框的基本操作。

操作步骤如下：

(1) 单击任务栏上"开始"按钮，打开"开始"菜单。

(2) 选择"所有程序"选项，打开"程序"菜单。

(3) 选择"附件"选项，展开"附件"菜单。

(4) 选择"写字板"选项，打开"写字板"窗口，如图 4-17 所示。

(5) 拖动窗口标题栏，使窗口在屏幕上移动。

(6) 分别拖动标题栏至窗口左边距、右边距、顶部及窗口的普通区域，观察窗口的大小改变及还原情况。

(7) 用双击窗口标题栏、使用窗口右角上的按钮等多种方法，尝试改变窗口大小。

(8) 单击窗口左上角按钮选择"文件"|"打开"选项，打开"打开"对话框，选择路

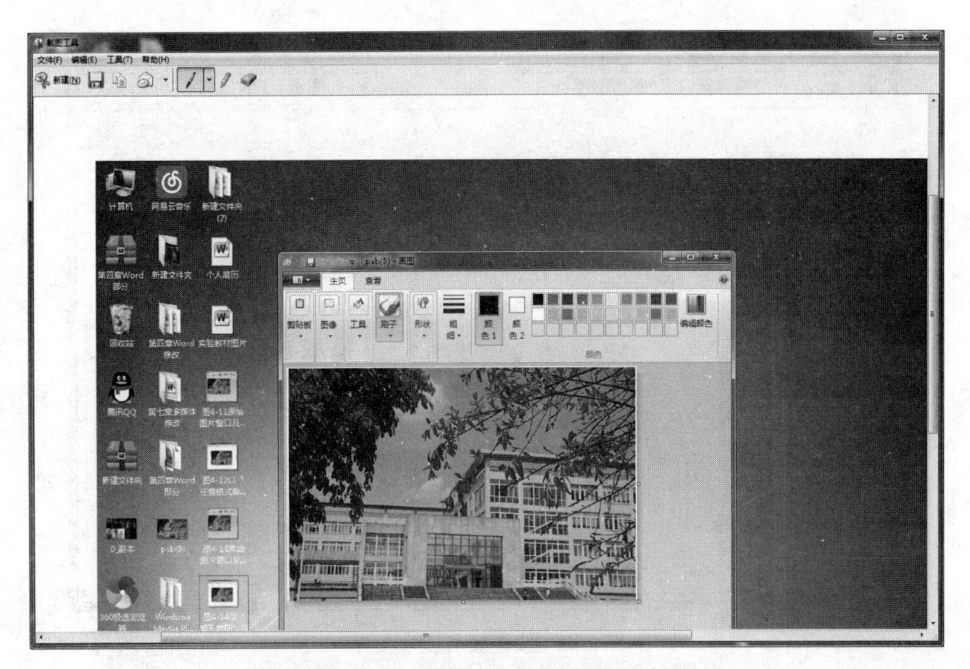

图 4-16 以"全屏幕截图"方式可截取整个桌面

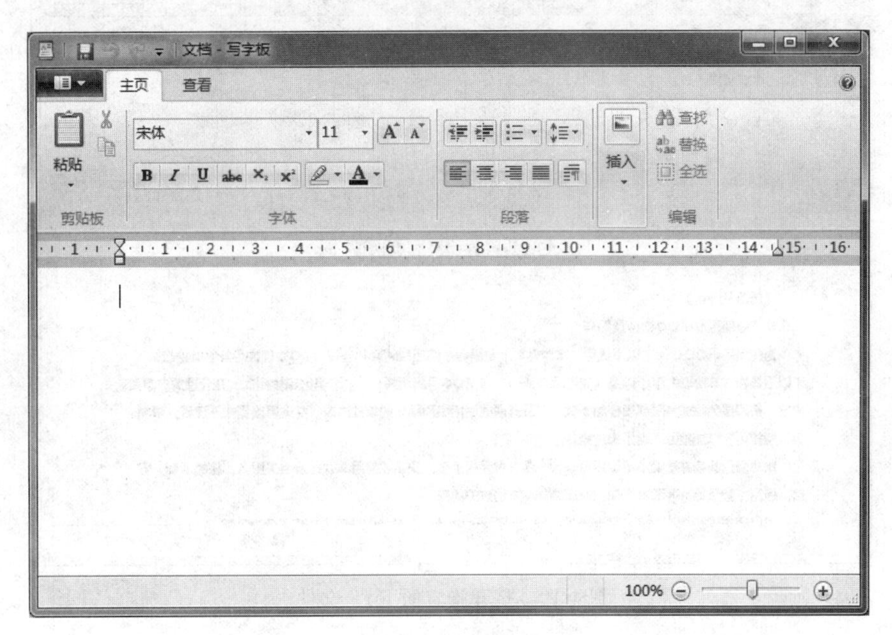

图 4-17 "写字板"窗口

径为"D 盘",并在"搜索框"中输入文件扩展名. rtf(这是写字板支持的文件类型的一种),如图 4-18 所示。

(9) 在搜索结果中选择一个 RTF 文件并打开,本例打开文件如图 4-19 所示。

(10) 选择"文件"|"页面设置"选项,打开"页面设置"对话框,设置"纸张大小"、文字排列"方向"及页边距等参数并单击"确定"按钮。

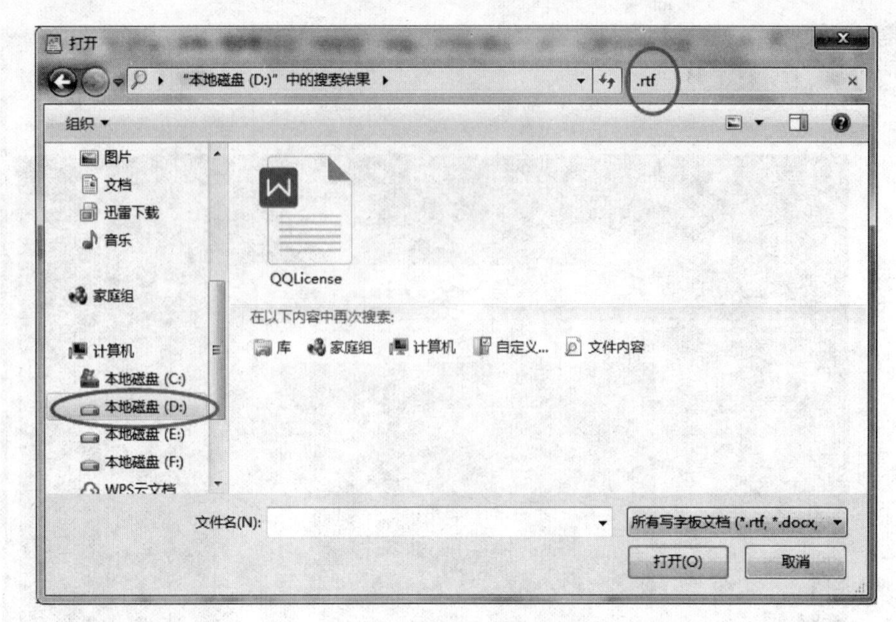

图 4-18　按扩展名搜索文件

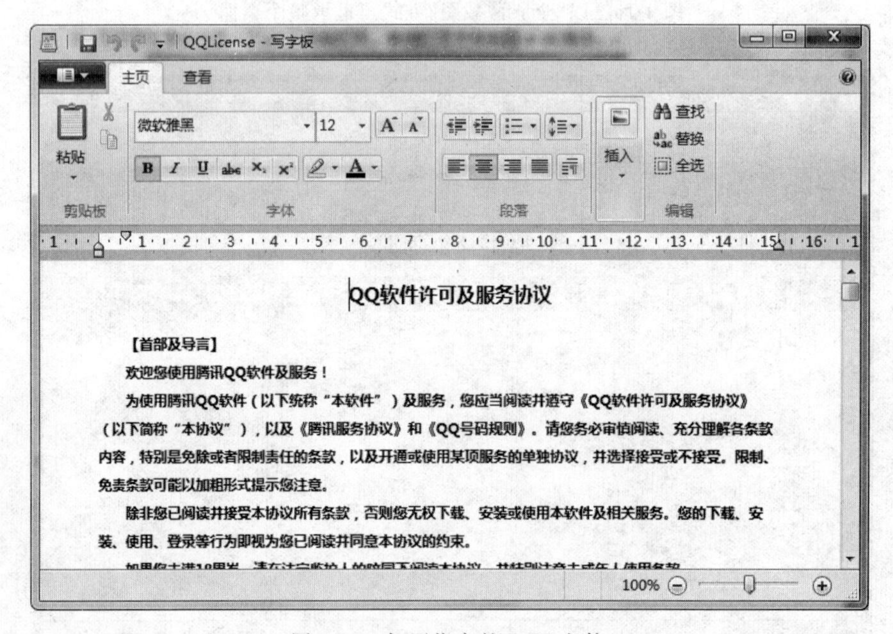

图 4-19　打开指定的 RTF 文件

(11) 单击“记事本”窗口的“关闭”按钮，关闭该窗口。

【思考与练习】

(1) 练习 Windows 7 桌面小工具的设置与使用。右击桌面空白区域，从弹出的快捷菜单中选择“小工具”选项，打开“桌面小工具”窗口，如图 4-20 所示。

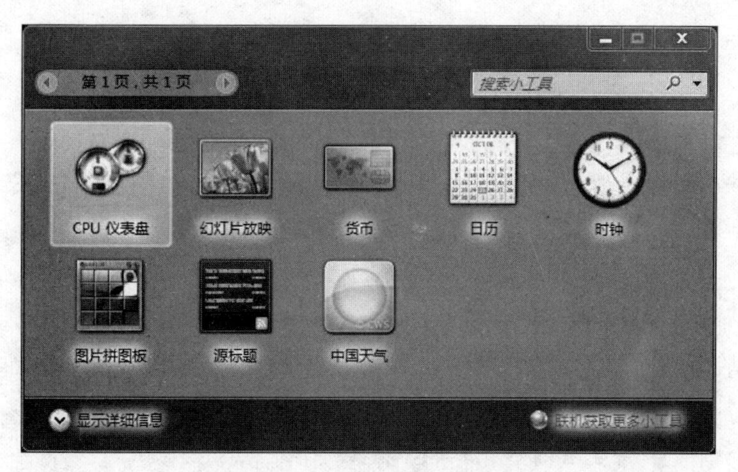

图 4-20 “桌面小工具”窗口

① 单击并展开“显示详细信息”选项，了解各小工具的功能和用途。

② 依次将小工具拖到桌面，并设置小工具属性。

③ 关闭不需要放置桌面的小工具。

④ 联机获取更多小工具。

(2) 学习使用 Windows 7 的“帮助与支持”，查找如何“共享计算机上的文件”。在“开始”菜单中选择“帮助和支持”选项，打开“Windows 帮助和支持”窗口，如图 4-21 所示；在搜索栏中输入“共享”关键词，单击右边的“搜索”按钮开始查找，找到的相关主题显示在“搜索结果”的列表中，如图 4-22 所示；单击其中所需要的主题，即可显示相关内容，如

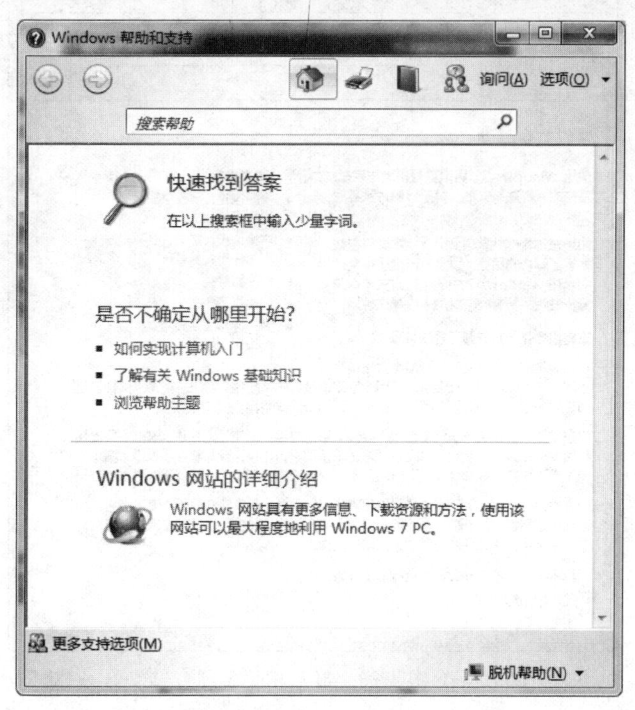

图 4-21 “Windows 帮助和支持”窗口

图 4-23 所示。

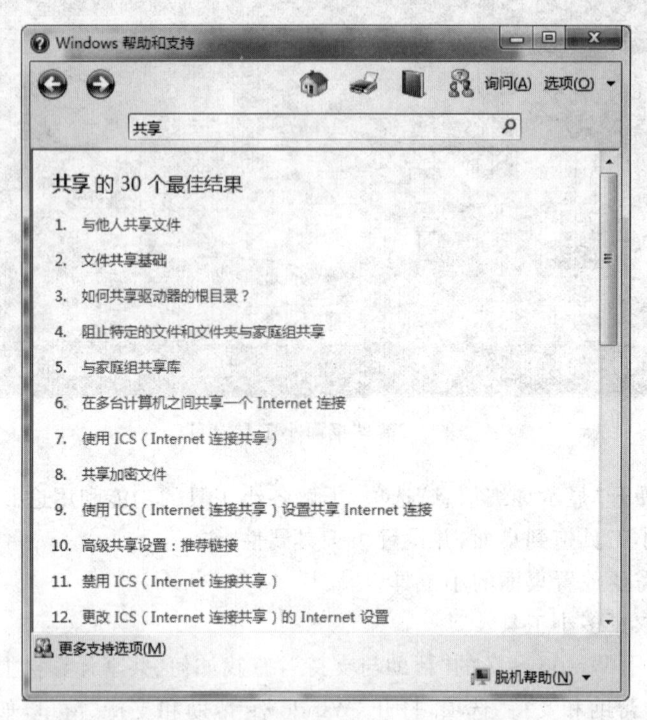

图 4-22 在搜索框中输入关键字“共享”

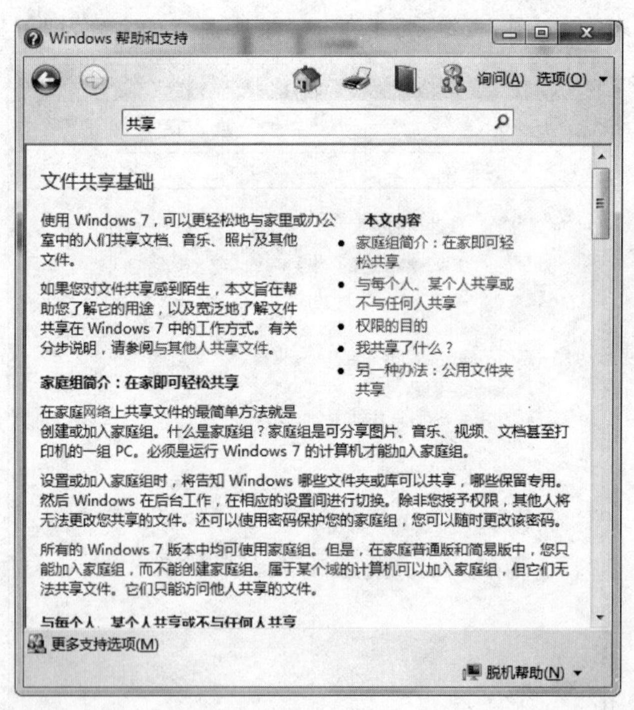

图 4-23 显示相关主题

综合任务 I

Windows 7 的常用操作

1. 新建文件夹

(1) 在指定文件夹中，右击窗口空白处，从弹出的快捷菜单中选择"新建"|"文件夹"选项。

(2) 输入文件夹名。

(3) 单击窗口空白处，完成操作。

2. 新建文件

(1) 在指定文件夹中，右击窗口空白处，从弹出的快捷菜单中选择"新建"选项，在弹出的二级菜单中选择任意一个文件，例如"文本文档"。

(2) 窗口中出现一个新的文本文档，输入文件夹名和后缀名。

3. 删除文件或文件夹

(1) 在指定文件夹中，选定要删除的文件或文件夹。

(2) 按 Delete 键，也可右击文件或文件夹，从弹出的快捷菜单中选择"删除"选项。

(3) 弹出一个"确认删除文件夹"对话框，单击"是"按钮即可完成操作。

4. 文件或文件夹重命名

(1) 选定要重命名的文件或文件夹。

(2) 按 F2 键，也可右击文件或文件夹，从弹出的快捷菜单中选择"重命名"选项。

(3) 直接输入新名称，单击窗口空白处，完成操作。

5. 文件或文件夹的复制

(1) 进入源文件或文件夹所在的文件夹。

(2) 选定文件或文件夹。

(3) 按 Ctrl+C 组合键进行复制。

(4) 进入目的文件夹。

(5) 按 Ctrl+V 组合键进行粘贴。

6. 文件或文件夹的移动

(1) 进入源文件或文件夹所在的文件夹。

(2) 选定文件或文件夹。

(3) 按 Ctrl+X 组合键进行剪切。

(4) 进入要粘贴的文件夹。

(5) 按 Ctrl+V 组合键进行粘贴。

7. 文件或文件夹属性设置

(1) 选定文件或文件夹。

(2) 右击文件或文件夹,从弹出的快捷菜单中选择"属性"选项。

(3) 在弹出的"属性"对话框的"常规"选项卡中按题目具体要求勾选或取消"只读"和"隐藏"属性。

(4) 单击"确定"按钮完成操作。

8. 上机练习

(1) 完成以下操作。

① 在 D 盘根目录中创建文件夹 XNXY。

② 在 XNXY 文件夹下创建子文件夹 USER1。

③ 将 C 盘根目录下所有文件复制到子文件夹。

④ 将子文件夹 USER1 中第一个和第三个文件移动子文件夹 XNXY。

⑤ 将子文件夹 XNXY 中的第一个文件改名为 abc.bak。

⑥ 将子文件夹 XNXY 中的第二个文件删除。

(2) 在 C 盘根目录下完成下列操作。

① 创建 USER 子目录,并在该子目录下创建子目录 USERG。

② 在 D 盘中查找扩展名为 *.sys 的文件,并将其复制到子目录 USERG 中。

③ 在 D 盘中查找扩展名为 *.com 的文件,并将其复制到子目录 USER 中。

④ 将 D:\USER 中的文件移到 D:\USER\USERG 中。

⑤ 删除子目录 D:\USER\USERG 及其中的文件。

(3) 以下均在资源管理器中操作。

① 启动资源管理器。

② 选择文件和文件夹的操作。

③ 创建子目录 D:\mydir。

④ 将 C:\Windows 目录下的所有可执行文件复制到 D:\mydir 中。

⑤ 将 D:\mydir 子目录改名为 D:\mydir0。

⑥ 利用"计算机"查看 C 盘上的内容,并用详细资料方式查看。

⑦ 将 C 盘上的内容按"文件名"方式排序。

⑧ 将 D:\mydir0 中的任意 3 个文件放入回收站中。

⑨ 将放入回收站里的文件中的两个删除,另一个还原。

第二部分

文字处理软件Word 2010

实验 5

Word 2010 文档的输入和编辑

【实验目的】

(1) 掌握 Word 的启动和退出,熟悉 Word 工作窗口。

(2) 熟练掌握文档的创建、输入、保存、保护和打开。

(3) 熟练掌握文档的编辑,包括插入、修改、删除、移动、复制、查找、替换、英文校对等基本操作。

【实验内容】

日记的输入和编辑。要求如下:

(1) 创建一个新文档,输入以下内容,把当前文档保存到 E:\word1 文件夹中,文件命名为 w1.docx,要求日期设置为自动更新。

> 点点日记
>
> 今天是 2013 年 1 月 21 日星期一,室内气温在 5℃～7℃之间。
>
> 晚上🕘,我正在看📖,突然☎铃声响起,原来是我的同学 Mary,她问我书中第Ⅷ页的数学题,求“1×2＋2×4＋3×6＋4×8＋…＋100×200＝?”有什么简便方法? 我告诉了她,她很高兴。对我说:“Thank you! My best friend!”
>
> 后来,她要我去图书馆为她借阅巴金的《家》《春》《秋》,并告诉我她的 E-mail 地址是 mary@21cn.com,要我借到后写✉给她。

(2) 打开文档 w1.docx,进行如下修改。

① 插入文字:在正文第 2 段中的文字“我告诉了她,”的“她”之后插入文字“我的解题思路”。

② 改写文字:将正文第 3 段中的文字“并告诉我”中的“并”改为“她”。

③ 删除文字:删除正文第 3 段中的文字“《春》《秋》”。

④ 复制文字:将正文第 2 段中的文字“她问我书中第Ⅷ页的数学题,……”中的“数学”复制到“我”和“书”之间。

⑤ 移动文字:将正文第 3 段中的文字“并告诉我她的 E-mail 地址是 mary@21cn.

com,”移动到“后来,”之后。

⑥ 替换文字：将文中所有“她”替换为“他”。

⑦ 合并段落：将正文第 2 段和第 3 段合并成一段。

⑧ 拼写和语法：检查输入的英文单词是否有拼写错误,有则改正。

⑨ 将最后一段删除,再将其恢复。

⑩ 为使其他应用程序读取文件,将文件另存为纯文本文件“t1. txt”。

(3) 新建文档,设置自动保存时间间隔为 5 分钟,插入文档 w1. docx 的内容,保存为 w2. docx,并设置文档的打开密码为 123,修改密码为 456。

【操作步骤】

(1) 进入 E 盘的窗口,在窗口的空白处右击,从弹出的快捷菜单中选择“新建”|“文件夹”选项,输入文件夹名 word1,按 Enter 键。

(2) 双击桌面上的 Word 2010 图标,启动 Word 2010,进入 Word 窗口。单击“输入法”图标,选择自己熟悉的输入法,在文档编辑区输入正文。输入文字一般在插入状态下进行(此时状态栏显示“插入”按钮,如果不是,可以单击“插入”按钮或按 Insert 键来切换)。

注意：在输入中文时,键盘要处于小写字母输入状态。文档中的英文字母、数字和小数点在西文状态下输入。

文档中的日期和一些特殊符号使用下面方法进行输入。

① 日期。在“插入”选项卡的“文本”组中单击“日期和时间”按钮,打开“日期和时间”对话框,在“语言”下拉列表框中选择“中文(中国)”,在“可用格式”列表框中选择需要的格式,并选中“自动更新”复选框,单击“确定”按钮。

② ℃、Ⅷ和×。右击输入法状态条上的“软键盘” 按钮,从弹出的快捷菜单中分别选择“特殊符号”“数字序号”“数学符号”选项,然后单击相应的符号,要关闭软键盘,只需单击“软键盘”按钮。

③ 🕐、🕮、☎和🖃。在“插入”选项卡的“符号”组中单击“符号”下拉按钮,在下拉列表中选择“其他符号”,弹出“符号”对话框,在“符号”标签“字体”下拉列表框中选择“Wingdings”,然后选择需要的符号,单击“插入”按钮,单击“关闭”按钮。

(3) 在“文件”选项卡中选择“保存”选项,打开“另存为”对话框,将文件保存在 E:\word1 中,选择“保存类型”为“Word 文档”,输入文件名“w1”,单击“保存”按钮,然后关闭该文档。

(4) 打开文件 w1. docx,对文档按要求进行修改。

① 在插入状态下,将光标移到“她”后面,输入“我的解题思路”。

② 选中“并”字,按 Delete 键,输入“她”。

③ 选中“《春》《秋》”,按 Delete 键。

④ 右击“数学”,从弹出的快捷菜单中选择“复制”选项,将光标移到“我”和“书”之间,按 Ctrl+V 组合键。也可以按住 Ctrl 键拖动鼠标进行复制。

⑤ 右击“并告诉我她的 E-mail 地址是 mary@21cn. com,”,从弹出的快捷菜单中选

择"剪切"选项,将光标移到"后来,"处,右击,从弹出的快捷菜单中选择"粘贴"|"保留源格式"选项。也可以使用鼠标拖动的方法进行粘贴。

⑥ 在"开始"选项卡的"编辑"组中单击"替换"按钮,打开"查找和替换"对话框。在"查找内容"下拉列表框中输入"她",在"替换为"下拉列表框中输入"他",单击"全部替换"按钮,在弹出的对话框中单击"确定"按钮,关闭对话框。

⑦ 将光标移到第2段的段落标记前(如果看不到段落标记,在"开始"选项卡的"段落"组单击"显示/隐藏编辑标志"按钮),然后按 Delete 键。

⑧ 在"审阅"选项卡的"校对"组中单击"拼写和语法"按钮,进行拼写检查,如果有错误,在"拼写和语法"对话框中更改。

⑨ 选中最后一段,按 Delete 键删除,再单击快速访问工具栏中的"撤销"按钮撤销刚才的操作。

⑩ 在"文件"选项卡中选择"另保存"选项,打开"另存为"对话框,在"保存类型"下拉列表框中选择"纯文本(*.txt)",输入文件名"t1",单击"保存"按钮。

(5) 在"文件"选项卡中选择"新建"选项,在可用模板中选择"空白文档",然后在右边预览窗口下单击"创建"按钮。

(6) 在"文件"选项卡中选择"选项"选项,打开"选项"对话框,在对话框左侧选择"保存",在打开的面板中设置"保存自动恢复信息时间间隔"为"5分钟",单击"确定"按钮。

(7) 在"插入"选项卡的"文本"组中单击"对象"下拉按钮,在下拉列表中选择"文件中的文字"选项,打开"插入文件"对话框,将文件保存在 E:\word1 文件夹中,选择其中的文件 w1.docx,单击"插入"按钮。

(8) 在"文件"选项卡中选择"另存为"选项,打开"另存为"对话框,将文件保存在 E:\word1 文件夹中,选择"保存类型"为"Word 文档",输入文件名 w2,单击对话框的"工具"下拉按钮,选择"常规选项",打开"常规选项"对话框,在"打开文件时的密码"文本框中输入|"123",在"修改文件时的密码"文本框中输入"456"。单击"确定"按钮。在弹出的"确认密码"对话框中分别再次输入密码并确定,最后单击"保存"按钮。

注意:有些操作的实现途径有多种,或使用菜单命令,或使用功能区相应按钮,或按快捷键,任选其中一种即可。

【思考与练习】

(1) 建立一个新文档,输入以下文字。要求:输入时应注意中英文、全角/半角、标点符号等。并以 w3.docx 为文件名保存在 E:\word1 文件夹中,然后关闭该文档。

> 在 Intel Developer Forum(英特尔开发者论坛)上,微软主席 Jim Allchin 宣布,64位的 Windows 桌面版本将在4月初发布,而其服务器版则在4月底推出。Allchin 表示,公司把近期目标锁定为64位系统,鼓励广大开发者开始改善他们的程序以发挥额外的处理优势。随后,微软发布了64位操作系统的第二个候选版,并且承诺将在6月底发布最终版本。其实64位 Windows XP 和 Windows Server 2003 让大家一直望眼欲穿,特别是 CPU 芯片商 AMD,它在两年前就已经推出了64位的服务芯片。

(2) 完成以下操作：建立一个新文档，输入以下内容，并以 w4.docx 为文件名保存在 E：\word1 文件夹中，然后关闭该文档。

> 有人曾笑着说："中国有两港——花港和香港。"由"花"而联想到"香"，这是很自然的。
>
> "花港观鱼"这古老的名胜，如今更是名副其实。四时如锦的花，碧波粼粼的港，招之即来的鱼，都是令人喜爱的。除此之外，漫步河塘柳岸，散步草坪林荫，或登亭台楼榭眺望远山近水，或傍湖边长椅欣赏六桥烟柳，也使人心旷神怡。

打开 w4.docx 文件，做如下编辑操作：

在文本的最前面插入一行标题："花港观鱼"。

将"有人曾笑着说"的"笑着"两个字删除。把文中的"由'花'而联想到'香'"改为"由于中国几千年的欣赏习惯，从远自《诗经》近到当今最流行的歌曲中，都可以看到：人们总是喜欢看到'花'而联想到'香'"。

将"漫步河塘柳岸"和"散步草坪林荫"位置互换。

将文中的两段合并成一段；在"如今更是名副其实。"后另起一段。

将所有的"港"替换为 Gang。

分别以"页面视图、阅读版式视图、Web 版式视图、大纲视图和草稿视图"等不同方式显示文档，观察各个视图的显示特点。修改结果如下：

> 花 Gang 观鱼
>
> 有人曾说："中国有两 Gang——花 Gang 和香 Gang。"由于中国几千年的欣赏习惯，从远自《诗经》近到当今最流行的歌曲中，都可以看到：人们总是喜欢看到'花'而联想到'香'"。这是很自然的。"花 Gang 观鱼"这古老的名胜，如今更是名副其实。
>
> 四时如锦的花，碧波粼粼的 Gang，招之即来的鱼，都是令人喜爱的。除此之外，散步草坪林荫，漫步河塘柳岸，或登亭台楼榭眺望远山近水，或傍湖边长椅欣赏六桥烟柳，也使人心旷神怡。

最后将文件另存为 w5.docx 保存在 E：\word1 文件夹中，并设置打开权限密码 AAA，修改权限密码 BBB。

新建文档，设置自动保存时间间隔为 8 分钟，插入文档 w5.docx 的内容。根据 Word 统计的字数，记录并在 Word 文档中输入以下数据：字数，字符数(不计空格)，段落数，然后以 w6.docx 为文件名保存在 E：\word1 文件夹中。

为使其他应用程序(如记事本)能读取文件 w5.docx，打开 w5.docx，把它保存在 E：\word1 文件夹中，名字为 t2.txt。

(3) 搜集自己喜欢的文字题材(例如人生感悟、体育音乐、明星名人等)，输入到 Word 文档中保存，尽量用到所学的文档输入和编辑知识。

实验6

Word 2010 文档排版

【实验目的】

(1) 熟练掌握 Word 文档的字符排版。
(2) 熟练掌握 Word 文档的段落排版。
(3) 熟练掌握 Word 文档的页面排版。

【实验内容】

文章排版,效果如图 6-1 所示。

要求如下:

(1) 新建空白文档,输入以下文字。保存在 E:\word2 文件夹中,文件名为 w1.docx。

计算机学院

计算机技术是现代信息技术的核心,广泛应用于各行各业,计算机科技人才需求量越来越大,毕业生供不应求。学院设置计算机科学与技术、软件工程、物联网工程 3 个本科专业和计算机应用技术专科专业,以四川大学计算机学院为依托,现有专任教师 36 名,中青年教师均具有硕士、博士学位,骨干教师主要来自四川大学,绝大多数具有教授、副教授职称。

学院实验设备齐全,拥有计算机应用、计算机网络、计算机组成原理、接口技术、嵌入式系统设计、软件工程和创新创业 7 个实验室,一千余台(套)计算机等仪器设备,建有二十多家校外实习基地。软件工程专业列为四川省民办高校重点特色专业质量提升计划建设项目,建有省级精品课程一门,出版国家"十二五"规划教材一部,获"教育部高等教育司—微软公司"校企合作专业综合改革项目 3 项。

学院人才培养与产业联系密切,产业背景鲜明,是四川省计算机学会、四川省高等院校计算机基础教育研究会、四川省电子学会、成都大数据产业联盟、成都软件行业协会、成都服务外包行业协会、成都物联网产业联盟、成都游戏产业联盟等高校合作单位。学院为培养高素质应用型人才,加强校企合作,政、产、学、研一体化,实施"企业专家授课""企业项目进校""学生校内进行企业实践"的培养模式。聘请企业高级工程师、项目经理带项目进校教学,教学中以项目贯穿课程,以企业标准进行考核,让学生了解企业项目工作流程;设立"创新创业实验室""创新创业俱乐部",邀请政府相关部门领导、企业高级管理人员为学生进行创新创业教育,鼓励学生创业。

学院组织和引导学生积极参加科技创新和各级学科竞赛活动,成果累累。近年来,学生公开发表科技论文四十余篇(其中 20 篇分别被 EI、ISTP 检索),申请国家专利 28 项,获学科竞赛全国奖 97 项,省级奖 137 项,获奖人数及项数在省内高校同类院系中均处于前列。

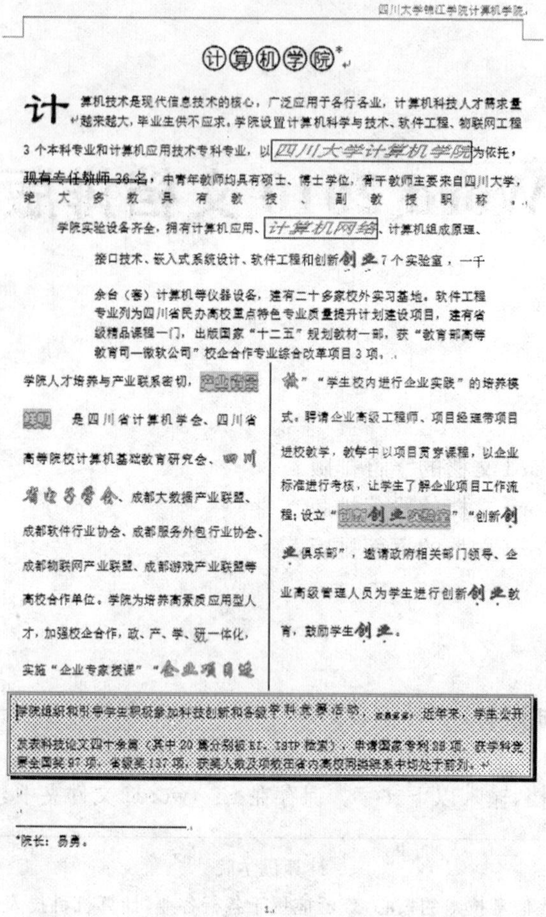

四川大学锦江学院计算机学院

计算机学院*

计算机技术是现代信息技术的核心，广泛应用于各行各业，计算机科技人才需求量越来越大，毕业生供不应求。学院设置计算机科学与技术、软件工程、物联网工程3个本科专业和计算机应用技术专科专业，以四川大学计算机学院为依托，现有专任教师36名，中青年教师均具有硕士、博士学位，骨干教师主要来自四川大学，绝大多数具有教授、副教授职称。

学院实验设备齐全，拥有计算机应用、计算机网络、计算机组成原理、接口技术、嵌入式系统设计、软件工程和创新创业7个实验室，一千余台（套）计算机等仪器设备，建有二十多家校外实习基地。软件工程专业列为四川省民办高校重点特色专业质量提升计划建设项目，建有省级精品课程一门，出版国家“十二五”规划教材一部，获“教育部高等教育司—微软公司”校企合作专业综合改革项目3项。

学院人才培养与产业联系密切，产业背景鲜明 是四川省计算机学会、四川省高等院校计算机基础教育研究会、四川省电子学会、成都大数据产业联盟、成都软件行业协会、成都服务外包行业协会、成都物联网产业联盟、成都游戏产业联盟等高校合作单位。学院为培养高素质应用型人才，加强校企合作，政、产、学、研一体化，实施“企业专家授课”“企业项目进校”“学生校内进行企业实践”的培养模式，聘请企业高级工程师、项目经理带项目进校教学，教学中以项目贯穿课程，以企业标准进行考核，让学生了解企业项目工作流程；设立“创新创业实验室”“创新创业俱乐部”，邀请政府相关部门领导、企业高级管理人员为学生进行创新创业教育，鼓励学生创业。

学院组织和引导学生积极参加科技创新和各级学科竞赛活动，成果累累。近年来，学生公开发表科技论文四十余篇（其中20篇分别被EI、ISTP检索），申请国家专利38项，获学科竞赛全国奖97项，省级奖137项，获奖人数及项数在省内高校同类院系中均处于前列。

*院长：易勇。

图 6-1　文章排版效果

（2）进行字符格式设置。其要求如表 6-1 所示。

表 6-1　字符格式要求

字符内容	字符格式要求
标题“计算机学院”	黑体、二号、缩小文字、加圆圈
正文第 1 段：“四川大学计算机学院”	倾斜、红色、字符边框、字符缩放比例设置 150％
正文第 1 段：“现有专任教师 36 名”	字体效果(双删除下)
正文第 3 段：“产业背景鲜明”	华文彩云、字符底纹、下画线(蓝色波浪线)
正文第 3 段：“四川省电子学会”	字体(华文行楷)、三号、字体效果(空心)
正文第 4 段：“成果累累”	四号、字体效果(下标)
正文第 4 段：“学科竞赛活动”	字符加着重号、字符间距加宽 1.2 磅、字符位置提高 3 磅

（3）进行段落格式设置。其要求如表 6-2 所示。

表 6-2　段落排版要求

应选择的段落	段落格式化要求
标题	居中对齐,段后 12 磅
正文第 1 段	分散对齐
正文第 2 段	左右缩进 1 厘米,悬挂缩进 3 个字符
正文第 3 段	行间距设置为 1.75 倍行距
正文第 4 段	段落添加边框,带阴影双实线、蓝色、0.75 磅线宽;段落添加底纹;图案(样式 20%,颜色为黄色)

(4) 使用格式刷复制格式。其要求如表 6-3 所示。

表 6-3　复制格式要求

样板文字及段落	目标文字或段落
正文第 1 段:“四川大学锦江学院”	正文第 2 段:“计算机网络”
正文第 3 段:“产业背景鲜明”	正文第 4 段:“加拿大滑铁卢大学”
正文第 3 段:“四川省电子学会”	正文第 4 段:“四川大学”

(5) 使用“替换”功能替换格式。其要求如表 6-4 所示。

表 6-4　替换格式要求

字符内容	格式要求
全文中所有“创业”	替换格式:华文行楷、三号、蓝色、加粗、着重号

(6) 进行页面格式设置。其要求如表 6-5 所示。

表 6-5　页面格式要求

选择内容	页面格式要求
正文第 1 段	首字下沉两行,字体设置为“隶书”,距正文 0.3 厘米
正文第 3 段	分为等宽的两栏,栏宽 7 厘米,栏间加分隔线
全文	设置页眉“四川大学锦江学院计算机学院”,右对齐
全文	在页面底端(页脚)以居中对齐方式插入页码,并将初始页码设置为全角字符的“1”。
标题:计算机学院	为文字“计算机学院”插入尾注引用标记为“*”;内容为:“院长:易勇。”,将尾注引用标记的格式改为“*”
全文	将文档页面的纸型设置为“A4”、左右边界各为 3 厘米、上边界为 4 厘米、下边界为 5 厘米

【操作步骤】

(1) 进入 E 盘窗口,在窗口的空白处右击,从弹出的快捷菜单中选择“新建”|“文件

夹”选项，输入文件夹名 word2，按 Enter 键。

(2) 启动 Word 2010，进入 Word 窗口，输入文字内容。

(3) 在“文件”选项卡中选择“保存”选项，打开“另存为”对话框，将文件保存在 E:\word2 文件夹中，输入文件名“w1”，单击“保存”按钮。

(4) 进行字符格式设置。

① 选定“计算机学院”，在“开始”选项卡的“字体”组中单击“字体”下拉按钮 宋体 ，在下拉列表中选择“黑体”；单击“字号”下拉按钮 五号 ，在下拉列表中选择“二号”；单击“带圈字符”按钮 ㊫ ，打开“带圈字符”对话框，样式选择“缩小文字”，圈号选择“○”。

② 选定正文第 1 段中的“四川大学计算机学院”，单击“开始”选项卡“字体”组中的“倾斜”按钮 *I* ；单击“字体颜色”下拉按钮 A ，在下拉列表中选择“红色”，单击“字符边框”按钮 A ；在“段落”组中单击“字符缩放”下拉按钮 ，在下拉列表中选择“字符缩放”，单击“150%”。

③ 选定正文第 1 段中的“现有专任教师 36 名”，在“开始”选项卡中单击“字体”组的对话框启动器按钮 ，打开“字体”对话框，在“字体”标签“效果”栏选中“双删除线”复选框，单击“确定”按钮。

④ 选定正文第 3 段“产业背景鲜明”，单击“开始”选项卡“字体”组的对话框启动器按钮 ，在“字体”对话框“字体”标签“中文字体”下拉列表框中选择“华文彩云”；在“下画线线形”下拉列表框中选择波浪线“~~~”，选择“下画线颜色”为“蓝色”，单击“确定”按钮；再单击“字体”组中的“字符底纹”按钮 A 。

⑤ 选定正文第 3 段中的“四川省电子学会”，在“开始”选项卡中单击“字体”组的对话框启动器按钮 ，打开“字体”对话框，在“字体”选项卡的“中文字体”下拉列表框中选择“华文行楷”；选择“字号”为“三号”；在“效果”栏选中“空心”复选框，单击“确定”按钮。

⑥ 选定正文第 4 段中的“成果累累”，单击“字体”下拉按钮 宋体 ，在下拉列表中选择“四号”；在“开始”选项卡“字体”组中单击“下标”按钮 x_2 。

⑦ 选定正文第 4 段中的“学科竞赛活动”，在“开始”选项卡中单击“字体”组的对话框启动器按钮 ，在“字体”对话框“字体”标签“着重号”下拉列表框中选择“·”；再单击“高级”选项卡，在“间距”下拉列表框中选择“加宽”，在旁边的“磅值”数值框中选择或输入“1.2 磅”，在“位置”下拉列表框中选择“提升”，在旁边的“磅值”数值框中选择或输入“3 磅”，单击“确定”按钮。

(5) 进行段落格式设置。

注意：如果系统自动提供的单位与题目要求不符，不建议直接输入单位，应在“文件”选项卡中单击“选项”按钮，打开“选项”对话框，然后单击“高级”选项卡，在“显示”区中进行度量单位的设置。一般情况下，如果“度量单位”选择为“厘米”，而“以字符宽度为度量单位”复选框也被选中的话，默认的缩进单位为“字符”，对应的段落间距和行距单位为

“磅”;如果取消选中“以字符宽度为度量单位”复选框,则缩进单位为“厘米”,对应的段落间距和行距单位为“行”。

① 选定标题“计算机学院”,在“开始”选项卡中单击“段落”组的对话框启动器按钮,打开“段落”对话框,在“对齐方式”下拉列表框中选择“居中”,在“间距”栏的“段后”数值框中选择或输入“12 磅”,单击“确定”按钮。

② 选定正文第 1 段,在“开始”选项卡中单击“段落”组的对话框启动器按钮,在“段落”对话框“对齐方式”下拉列表框中选择“分散对齐”。

③ 选定正文第 2 段,在“开始”选项卡中单击“段落”组的对话框启动器按钮,在“段落”对话框“缩进”栏“左”“右”数值框中分别设置“1 厘米”,在“特殊格式”下拉列表框中选择“悬挂缩进”,并在旁边的“度量值”数值中设置“3 字符”,单击“确定”按钮。

④ 选定正文第 3 段,在“开始”选项卡中单击“段落”组的对话框启动器按钮,在“段落”对话框“行距”下拉列表框中选择“多倍行距”,在旁边的“设置值”数值框中选择或输入“1.75”,单击“确定”按钮。

⑤ 选定正文第 4 段,在“开始”选项卡的“段落”组中单击“边框”下拉按钮,在下拉列表中选择“边框和底纹”选项,打开“边框和底纹”对话框,在“边框”选项卡的“设置”中选择“阴影”,在“线形”中选择“双实线”,“颜色”选择“蓝色”,“宽度”选择“0.75 磅”;再单击“底纹”选项卡,在“图案”栏的“样式”中选择“20%”,“颜色”选择“黄色”。

(6) 使用格式刷。

① 选定正文第 1 段中的“四川大学计算机学院”,在“开始”选项卡的“剪贴组”中单击“格式刷”按钮,然后拖曳经过正文第 2 段“计算机网络”。

② 选定正文第 3 段段中的“产业背景鲜明”,在“开始”选项卡的“剪贴组”中单击“格式刷”按钮,然后拖曳经过正文第 4 段段落中“创新创业实验室”。

③ 选定正文第 3 段中“四川省电子学会”,在“开始”选项卡的“剪贴组”中单击“格式刷”按钮,然后拖曳经过正文第 3 段“企业项目进校”。

(7) 使用“替换”功能替换格式。在“开始”选项卡的“编辑”组中单击“替换”按钮,打开“查找和替换”对话框,在“替换”选项卡的“查找内容”下拉列表框中输入“创业”,在“替换为”下拉列表框中输入“创业”,单击“更多”按钮,将光标置于“替换为”下拉列表框,再单击“格式”按钮,在弹出的菜单中选择“字体”,打开“替换字体”对话框,设置“中文字体”为“华文行楷”,“字体颜色”为“蓝色”,“字号”为“三号”,添加“着重号”,单击“全部替换”按钮。

(8) 进行页面格式设置。

① 选定正文第 1 段中的第一个字“计”,在“插入”选项卡的“文本”组中单击“首字下沉”下拉按钮,在下拉菜单中选择“首字下沉选项”选项,打开“首字下沉”对话框,在“位置”栏中选择“下沉”,在“选项”栏中的“字体”下拉列表框中选择“隶书”,在“下沉行数”数值框中选择或输入“2”,在“距正文”数值框中设置“0.3 厘米”,单击“确定”按钮。

② 选定正文第 3 段,在“页面布局”选项卡的“页面设置”组中单击“分栏”下拉按钮,

在下拉列表中选择“更多分栏”选项，打开“分栏”对话框，在“预设”栏中选择“两栏”，在“宽度”数值框中设置“7 厘米”，选择“分隔线”复选框，单击“确定”按钮。

③ 将光标置于文中，在“插入”选项卡的“页眉和页脚”组中单击“页眉”按钮，在展开的页眉库中选择“空白”样式，在页眉编辑区输入文字“四川大学锦江学院计算机学院”，并在“开始”选项卡的“段落”组中单击“右对齐”按钮≡。

④ 将光标置于文中，在“插入”选项卡的“页眉和页脚”组中单击“页码”下拉按钮，在下拉列表中选择“页面底端”，单击“简单”区中的“普通数字 2”样式；在“页眉和页脚工具”选项卡的“页眉和页脚”组中单击“页码”下拉按钮，在下拉列表中选择“设置页码格式”选项，打开“页码格式”对话框，在“编号格式”中选择“全角…”，在“起始页码”数值框中选择或输入“2”，单击“确定”按钮；在“关闭”组中单击“关闭页眉和页脚”按钮。

⑤ 选定标题“计算机学院”，单击“引用”选项卡“脚注”组中的对话框启动器按钮↘，打开“脚注和尾注”对话框，选中“尾注”单选按钮，在尾注输入区中输入“院长：易勇。”。

⑥ 将光标置于文中，单击“页面布局”选项卡“页面设置”组中的对话框启动器按钮↘，打开“页面设置”对话框，在“页边距”选项卡的“左”“右”数值框中分别选择或输入“3 厘米”，“上”数值框中选择或输入“4 厘米”，“下”数值框中选择或输入“5 厘米”。再单击“纸张”选项卡，在“纸张大小”下拉列表框中选择“A4”，单击“确定”按钮，保存文档。

【思考与练习】

(1) 完成以下操作：

① 建立一个空白文档，输入下面文字，并以 w2.docx 为文件名保存在 E：\word2 文件夹中。

> 第十五届四川省“挑战杯”大学生课外学术科技作品竞赛
>
> 6 月 12 日，四川省第十四届“挑战杯”大学生课外学术科技作品竞赛在乐山师范学院落下帷幕。四川大学锦江学院获得第十五届四川省“挑战杯”大学生课外学术科技作品竞赛承办权。
>
> 在 12 日举行的四川省第十四届“挑战杯”大学生课外学术科技作品竞赛组委会会议上，我校从举办“挑战杯”竞赛的可行性、学校基本情况、硬件条件、后勤保障、历届“挑战杯”成绩等方面作了详细介绍。组委会参会领导和专家认真听取汇报，并结合考察结果一致同意四川省第十五届“挑战杯”大学生课外学术科技作品竞赛在四川大学锦江学院举行。
>
> 在第十四届“挑战杯”大学生课外学术科技作品竞赛闭幕式上，我校党委书记韦泰旭接过组委会授予的“挑战杯”会旗，正式开启第十五届四川省“挑战杯”大学生课外学术科技作品竞赛筹备工作。
>
> “挑战杯”竞赛是全国规模最大、最具影响力的大学生科技创新赛事，是当代大学生科技创新的“奥林匹克”盛会，是对学生创新精神及实践能力的检验，这与我校培养具有国际视野的高素质应用型人才目标相符。

学校鼓励并支持学生参加“挑战杯”竞赛，给予参赛团队全方位的支持。我校入围第十四届“挑战杯”大学生课外学术科技作品竞赛决赛的18件作品获得一等奖2项、二等奖8项、三等奖8项，总成绩名列全省高校前茅，创参赛以来历史最佳成绩。我校更是在历届“挑战杯”竞赛中取得了累累硕果，自2009年参赛以来共获奖82项，其中国家级二等奖1项、三等奖7项，省级一等奖14项、二等奖25项、三等奖35项，成绩名列四川省所有参赛高校前十名，位居全省同类院校前列。

第十五届四川省“挑战杯”大学生课外学术科技作品竞赛在我校举行，既是团省委对我校学生创新创业工作成绩的肯定，也是对学校综合办学实力的认可，必将有效地促进我校创新创业工作再上新台阶。

作为第十五届四川省“挑战杯”竞赛承办单位，我校将以此为契机，按照团省委的相关要求，举全校之力，圆满完成竞赛的组织推进和服务保障任务，确保组织一届有特色、高质量的“挑战杯”，促使赛事水平再上新台阶，提升新层次，为全省大学生“挑战杯”和创新创业工作作出新的贡献。

② 打开文件 w2.docx，将标题设置为三号、蓝色、空心、楷体、加粗、居中、加字符边框，并添加文字黄色底纹、文字青绿色阴影边框，框线粗1.5磅。将正文各段的段后间距设置为8磅。

③ 将正文第1段(“6月12日……竞赛承办权。”)中，文字的字符间距设置为加宽3磅、段前间距设置为18磅、首字下沉，下沉行数为2，距正文0.2厘米。

④ 正文第2段改为繁体字，在正文第2段、第3段前加项目符号“◆”。

⑤ 将正文第4段(“‘挑战杯’……目标相符”)左右各缩进1厘米，首行缩进0.9厘米，行距为18磅。

⑥ 将正文第5段(“学校鼓励……同类院校前列。”)设置段落蓝色边框、段落绿色底纹。并分为等宽三栏，栏宽为3.45厘米，栏间加分隔线。

⑦ 将正文第6段(“第十五届四川省……再上新台阶。”)左右各缩进2厘米，悬挂缩进1.2厘米，左对齐。

⑧ 查找文中“挑战杯”的个数(题目中不算)，将正文中的第三段中“挑战杯”设置为小四、绿色、楷体、加粗，利用格式刷复制该格式到正文中第三段的“挑战杯”中。

⑨ 利用替换功能，将正文中所有的“创”设置为华文行楷、小三、倾斜、红色。

⑩ 将文档页面的纸型设置为A4、左右页边距各为2厘米、上下页边距各为2.5厘米。

⑪ 在文档的页面底端以居中对齐方式插入页码，并将初始页码设置为全角字符的“1”。

⑫ 设置自己喜欢的页眉样式，添加页眉内容“四川大学锦江学院”对齐方式为左对齐。

⑬ 为文字“第十五届四川省“挑战杯”大学生课外学术科技作品竞赛”插入尾注内容“我校将承办第十五届四川省“挑战杯”大学生课外学术科技作品竞赛”。尾注引用标记格式为“尾注引用标记格式为“★”。

⑭ 将文档“打印预览”后以文件名 w3.docx 保存在 E:\word2 文件夹中。文章排版后效果如图6-2所示。

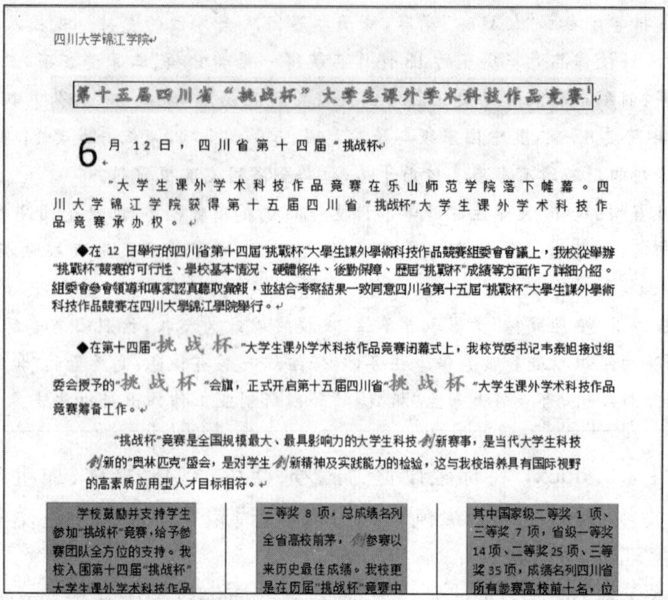

四川大学锦江学院

第十五届四川省“挑战杯”大学生课外学术科技作品竞赛

6月 12 日，四川省第十四届“挑战杯”大学生课外学术科技作品竞赛在乐山师范学院落下帷幕。四川大学锦江学院获得第十五届四川省“挑战杯”大学生课外学术科技作品竞赛承办权。

◆在 12 日舉行的四川省第十四屆“挑戰杯”大學生課外學術科技作品競賽組委會會議上，我校從舉辦“挑戰杯”競賽的可行性、學校基本情況、硬體條件、後勤保障、歷屆“挑戰杯”成績等方面作了詳細介紹。組委會參會領導和專家認真聽取彙報，並結合考察結果一致同意四川省第十五屆“挑戰杯”大學生課外學術科技作品競賽在四川大學錦江學院舉行。

◆在第十四届“挑战杯”大学生课外学术科技作品竞赛闭幕式上，我校党委书记韦泰旭接过组委会授予的“挑战杯”会旗，正式开启第十五届四川省“挑战杯”大学生课外学术科技作品竞赛筹备工作。

“挑战杯”竞赛是全国规模最大、最具影响力的大学生科技创新赛事，是当代大学生科技创新的“奥林匹克”盛会，是对学生创新精神及实践能力的检验，这与我校培养具有国际视野的高素质应用型人才目标相符。

学校鼓励并支持学生参加“挑战杯”竞赛，给予参赛团队全方位的支持。我校入围第十四届“挑战杯”大学生课外学术科技作品

三等奖 8 项，总成绩名列全省高校前茅，创参赛以来历史最佳成绩。我校更是在历届“挑战杯”竞赛中

其中国家级二等奖 1 项、三等奖 7 项，省级一等奖 14 项、二等奖 25 项、三等奖 35 项，成绩名列四川省所有参赛高校前十名，位

(a)

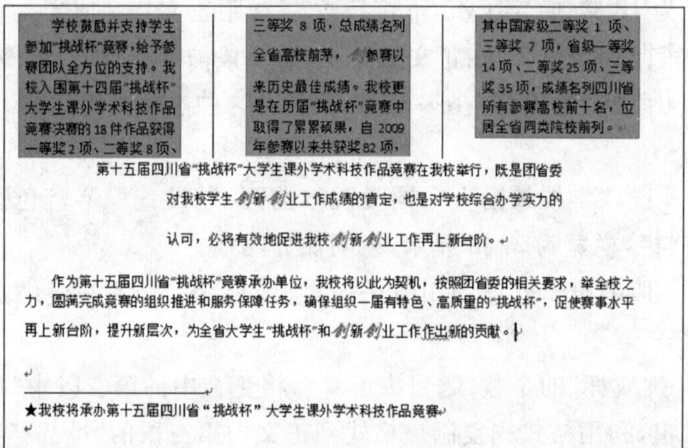

学校鼓励并支持学生参加“挑战杯”竞赛，给予参赛团队全方位的支持。我校入围第十四届“挑战杯”大学生课外学术科技作品竞赛决赛的 18 件作品获得一等奖 2 项、二等奖 8 项、

三等奖 8 项，总成绩名列全省高校前茅，创参赛以来历史最佳成绩。我校更是在历届“挑战杯”竞赛中取得了累累硕果，自 2009 年参赛以来共获奖 82 项，

其中国家级二等奖 1 项、三等奖 7 项，省级一等奖 14 项、二等奖 25 项、三等奖 35 项，成绩名列四川省所有参赛高校前十名，位居全省同类院校前列。

第十五届四川省“挑战杯”大学生课外学术科技作品竞赛在我校举行，既是团省委对我校学生创新创业工作成绩的肯定，也是对学校综合办学实力的认可，必将有效地促进我校创新创业工作再上新台阶。

作为第十五届四川省“挑战杯”竞赛承办单位，我校将以此为契机，按照团省委的相关要求，举全校之力，圆满完成竞赛的组织推进和服务保障任务，确保组织一届有特色、高质里的“挑战杯”，促使赛事水平再上新台阶，提升新层次，为全省大学生“挑战杯”和创新创业工作作出新的贡献。

★我校将承办第十五届四川省“挑战杯”大学生课外学术科技作品竞赛

1

(b)

图 6-2　排版效果

（2）将前面设计性实验中输入和编辑好的自己喜欢的文字根据个人审美观和爱好进行个性化排版，尽量用到学过的文档排版知识。

实验7

Word 2010 制作表格和插入对象

【实验目的】

(1) 熟练掌握表格的建立及内容的输入。
(2) 熟练掌握表格的编辑。
(3) 掌握表格计算和排序。
(4) 熟练掌握表格的格式化。
(5) 熟练掌握图片插入、编辑和格式化的方法。
(6) 掌握绘制图形的方法。
(7) 掌握文本框的使用。
(8) 掌握艺术字体的使用。
(9) 掌握在文档中输入公式的方法。
(10) 掌握图片和文字混合排版的方法。

【实验内容】

(1) 制作课程表。
(2) 制作统计表。
(3) 制作《图形的魅力》手抄报。

【操作步骤】

【案例 7-1】 制作课程表效果如图 7-1 所示。

要求如下：

(1) 插入表格，调整表格的大小。
(2) 设置表格的行高和列宽。
(3) 合并与拆分单元格，实现不规则单元格的设置。
(4) 设置斜线表头。在表格中输入文字，并使文字相对单元格居中对齐。
(5) 为表格设置不同线形、颜色的边框，为单元格添加底纹。

锦江学院会计学专业课程表

星期 节次		星期一	星期二	星期三	星期四	星期五
上午	1~2					
	3~4					
下午	5~6					
	7~8					
	9~10					

图 7-1　课程表

(6) 文件保存在 E:\word3 文件夹中,命名为 w1.docx。

操作步骤:

(1) 进入 E 盘窗口,在窗口的空白处右击,从弹出的快捷菜单中选择“新建”|“文件夹”选项,输入文件夹名 word3,按 Enter 键。

(2) 启动 Word 2010,进入 Word 窗口。

(3) 在第 1 行输入“锦江学院会计学专业课程表”,利用“开始”选项卡“字体”组中的相应按钮设置字体为“楷体”,字号为“小二”,单击“居中”按钮☰。

(4) 光标移到第 2 行,在“插入”选项卡的“表格”组中单击“表格”下拉按钮,在下拉列表中选择“插入表格”选项,打开“插入表格”对话框,在“行数”数值框中选择或输入“8”,“列数”数值框中选择或输入“6”,单击“确定”按钮。把鼠标放到表格中,拖动右下角的小方格□调整表格大小。

(5) 选定表格,在“表格工具|布局”选项卡的 “单元格大小”组中将“高度”定为“1.5 厘米”,将“宽度”定为“2 厘米”。

(6) 选定第 1 列的第 2～5 行,右击,从弹出的快捷菜单中选择“合并单元格”选项。选定表格的第 1 列的第 3～5 行,右击,从弹出的快捷菜单中选择“合并单元格”选项。选定第 1 列第 2 行,右击,从弹出的快捷菜单中选择“拆分单元格”选项,弹出“拆分单元格”对话框,在“行数”框中选择或输入“1”,“列数”框中选择或输入“2”,单击“确定”按钮。同样,选定第 1 列第 3 行,将其拆分为 1 行 2 列。选中第 2 行第 2 列,右击,从弹出的快捷菜单中选择“拆分单元格”选项,在“拆分单元格”对话框中选择“行数”为“2”,选择“列数”为“1”,单击“确定”按钮。同样,选中第 3 行第 2 列,将其拆分为 3 行 1 列。

(7) 单击第 1 个单元格,在“插入”选项卡的“插图”组中单击“形状”下拉按钮,在

下拉列表“线条”区单击直线图标\，在第一个单元格左上角顶点按住鼠标左键拖动至右下角顶点，绘制出表头斜线；此时，出现绘图“绘图工具|格式”选项卡的“插入形状”组中单击“文本框”图标，在单元格的适当位置绘制一个文本框，输入“星”字，然后右击选中的文本框，从弹出的快捷菜单中选择“设置文本框格式”选项，打开“设置文本框格式”对话框，在“颜色与线条”选项卡中设置“填充颜色”和“线条颜色”都是“无颜色”。同样的方法制作出斜线表头中的“期”“节”“次”等字。在表格其他单元格中输入相应内容，然后选定整个表格中的文字，右击，从弹出的快捷菜单中选择“单元格对齐方式”选项，单击“中部居中”按钮。

(8) 在“表格工具|设计”选项卡的“绘图边框”组中单击“绘制表格”按钮，单击“笔样式”下拉按钮，在下拉列表中选择实线“——”，再单击“笔画粗细”下拉按钮，在下拉列表中选择“2.25 磅”，单击“笔颜色”下拉按钮，在下拉列表中选择“蓝色”，重画表格的外框线。同样，单击“笔样式”下拉按钮，在下拉列表中选择双线“══”，再单击“笔画粗细”下拉按钮，在下拉列表中选择“1.5 磅”，单击“笔颜色”下拉按钮，在下拉列表中选择“红色”，重画上午和下午之间的分隔线。选定“星期一”至“星期五”所在的单元格，单击“底纹”下拉按钮，在下拉列表中选择“黄色”，选定“1～2 节”至“9～10 节”所在的单元格，单击“底纹”下拉按钮，在下拉列表中选择“紫色”。

(9) 在“文件”选项卡中选择“保存”选项，打开“另存为”对话框，在地址栏选择或输入“E:\\word3”，文件名输入 w1，单击“保存”按钮。

【案例 7-2】 制作统计表。

要求如下：

(1) 利用制表位功能，制作如图 7-2 所示的“乐器销售统计表”，将文件命名为 w2.docx，保存在 E:\word3 文件夹中，要求第 1 列居中对齐、第 2 列右对齐、第 3 列小数点对齐。

(2) 将文件 w2.docx 中的文本转换成 6 行 4 列的表格，并以文件名 w3.docx 保存在相同路径下。

(3) 将 w3.docx 中的表格转换成文本，并用逗号作为文本之间的分隔符，以文件名 w4.docx 保存在相同路径下。

乐器名称	数量	单价（元）
电子琴	100	1898.9
手风琴	76	890.30
萨克斯管	35	1100.00
钢琴	5	12000.9
小提琴	15	898.95

图 7-2　乐器销售统计表

(4) 打开文件 w3.docx，按以下要求进行修改，结果如图 7-3 所示。

乐器销售情况表

乐器名称	数量	单价（元）	金额（元）
电子琴	100	1898.9	189890.00
手风琴	76	890.30	67662.80
钢琴	5	12000.9	60004.50
萨克斯管	35	1100.00	38500.00
小提琴	15	898.95	13484.25

图 7-3　乐器销售情况表

① 将表格第 4 列(空白列)删除。

② 在表格最右边插入一空列,输入列标题"金额(元)",在"金额(元)"列中的相应单元格中,按公式(金额=单价 * 数量)计算并填入左侧乐器的合计金额,要求保留 2 位小数。按"金额(元)"降序排列表格内容。

③ 表格自动套用格式为"中等深浅网格 1—强调文字颜色 1",并将表格居中。

④ 在表格顶端添加表标题"乐器销售情况表",将标题设置为四号、黑体、加粗、居中。以原文件名保存文档。

操作步骤:

(1) 启动 Word 2010,进入 Word 窗口。

(2) 在"开始"选项卡中单击"段落"组右下角的对话框启动器按钮,打开"段落"对话框,在"缩进和间距"选项卡中单击"制表位"按钮,打开"制表位"对话框,在"制表位位置"文本框中输入"2 字符",在"对齐方式"栏中选中"居中"单选按钮,在"前导符"栏中选中"无"单选按钮,单击"设置"按钮;在"制表位位置"文本框中输入"8 字符",选择"对齐方式"为"右对齐",选择"前导符"为"无",单击"设置"按钮;在"制表位位置"文本框中输入"14 字符",选择"对齐方式"为"小数点对齐",选择"前导符"为"无",单击"设置"按钮,单击"确定"按钮。

(3) 按 Tab 键,输入"乐器名称",按 Tab 键,输入"数量",按 Tab 键,输入"单价(元)",按 Enter 键,结束第一行的输入,光标移到下一行,继续完成其他行的输入。

(4) 在"文件"选项卡中选择"保存"选项,打开"另存为"对话框,将文件保存在 E:\word3 文件夹中,文件名为 w2,单击"保存"按钮。

(5) 选定文字内容,在"插入"选项卡"表格"组中单击"表格"下拉按钮,从下拉列表中选择"文本转换成表格"选项,打开"将文字转换成表格"对话框,选择"列数"为"4",行数确认为"6",单击"确定"按钮。

(6) 单击"文件"按钮,在下拉菜单中选择"另存为"选项,打开"另存为"对话框,将文件保存在 E:\word3 文件夹中,文件为 w3,单击"保存"按钮。

(7) 选定表格,在"表格工具|布局"选项卡的"数据"组中单击"转换为文本"按钮,打开"表格转换成文本"对话框,在"文件分隔符"栏中选中"逗号"单选按钮,单击"确定"按钮。

(8) 在"文件"选项卡中选择"另存为"选项,打开"另存为"对话框,将文件保存在 E:\word3 文件夹中,文件名输入"w4",单击"保存"按钮。在"文件"选项卡中选择"关闭"选项,关闭该文档。

(9) 打开文档 w3. docx。选定第 4 列,右击,从弹出的快捷菜单中选择"删除列"选项;选定第 3 列,在"表格工具|布局"选项卡的"行和列"组中单击"在右侧插入"按钮,在右边插入空列;单击该列的第 1 个单元格,输入"金额(元)"。

(10) 单击该列第 2 个单元格,在"表格工具|布局"选项卡的"数据"组中单击"公式"按钮,打开"公式"对话框,在"公式"文本框中输入"=B2 * C2",在"数字格式"下拉列表框中选择"0.00",单击"确定"按钮,再依次单击该列的第 3~6 个单元格,用同样的方法计算出金额,注意在"公式"文本框中输入的依次是"=B3 * C3""=B4 * C4""=B5 * C5""=B6 * C6"。选中"金额(元)"列,在"数据"组中单击"排序"按钮,打开"排序"对话框,在"主

要关键字”栏中选中“降序”单选按钮，单击“确定”按钮。

(11) 在“表格工具|设计”选项卡“表格样式”组的样式库中选择“中等深浅网格 1-强调文字颜色 1”；在“开始”选项卡的“段落”组中单击“居中”按钮☰，使表格居中；在顶格表格前插入标题的方法是选定表格，执行剪切操作，接着按 Enter 键产生一个空行，此时光标自动移到第 2 行，在此处粘贴表格后，再将光标移到第 1 行输入标题“乐器销售情况表”；在“开始”选项卡的“字体”组中单击“字体”下拉按钮[宋体 ▾]，在下拉列表中选择“黑体”；单击“字号”下拉按钮[五号 ▾]，在下拉列表中选择“四号”，单击“加粗”按钮 **B**，单击“段落”组中的“居中”按钮☰。将修改后内容保存。

【案例 7-3】 制作《图形的魅力》手抄报，效果如图 7-4 所示。

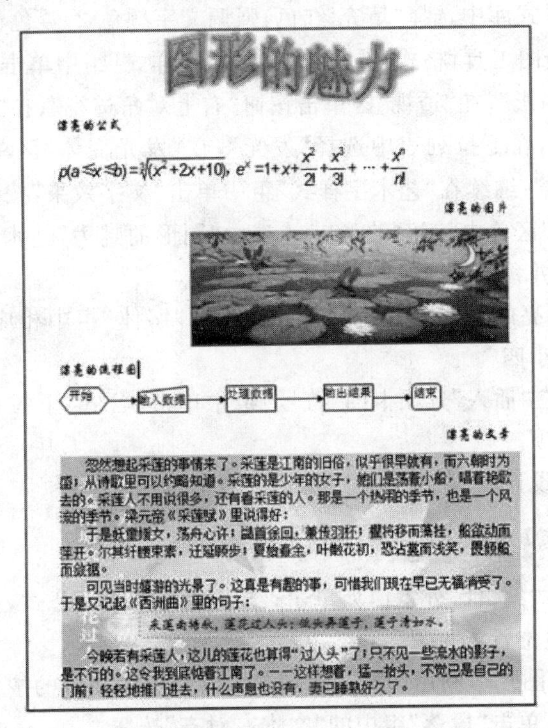

图 7-4 手抄报——“图形的魅力”

要求如下：

(1) 文件保存在 E:\word3 文件夹，文件命名为 w5.docx。

(2) 将“图形的魅力”设置为艺术字。艺术字样式：“填充-红色，强调文字颜色 2，暖色粗糙棱台”；艺术字文本效果：“阴影-透视-右上对角透视”，“发光-发光变体-红色，11pt 发光，强调文字颜色 2”，“转换-弯曲-波形 1”。适当调整艺术字的大小和位置。

(3) 插入第一张图片“荷塘”(可以是其他与荷塘有关的图片)并进行适当调整：如增加对比度、降低亮度等，环绕方式设置为“嵌入型”。

(4) 绘制自选图形“新月形”和“十字星”。对已绘制的“新月形”图形进行如下修改：改变图形大小、修改图形的形状、调整图形的角度、设置图形的填充色为“黄色”。将已绘制的“十字星”图形复制两个。将星星月亮图形组合成一个整体，调整这个组合对象的大小，并将其移到图片“荷塘”之上。

(5) 把第2张图片“采莲”(可以是其他与荷花有关的图片)调整到适当大小，将图片设置为“水印”效果，环绕方式设置为“衬于文字下方”。

(6) 为“采莲南塘秋，莲花过人头；低头弄莲子，莲子清如水。”添加文本框。文本框设置填充色为预设颜色“雨后初晴”，类型为“射线”，方向为“中心辐射”。边框线为紫色圆点虚线，线形为1.5磅实线。

操作步骤如下：

(1) 启动Word 2010，进入Word窗口。

(2) 插入艺术字“图形的魅力”。在“插入”选项卡的“文本”组中单击“艺术字”按钮，在展开的艺术字样式库中选择“填充-红色，强调文字颜色2，暖色粗糙棱台”，输入文字“图形的魅力”；在“绘图工具|格式”选项卡的“艺术字样式”组中单击“文字效果”图标，从下拉列表中选择“阴影”，在“透视”区单击按钮“右上对角透视”；在“艺术字样式”组中单击“文字效果”图标，在下拉列表中选择“发光”，在“发光变体”区单击按钮“红色，11pt发光，强调文字颜色2”；继续在“艺术字样式”组中单击“文字效果”按钮，在下拉列表中选择“转换”，在“弯曲”区单击按钮“波形1”。选中“图形的魅力”艺术字，拖动四周的尺寸句柄，适当调整大小，并移动到合适位置。

(3) 输入文字“漂亮的公式”，利用“开始”选项卡“字体”组中相应的按钮设置字体为“华文行楷”，字号为“小四”。

(4) 插入公式。在“插入”选项卡的“符号”组中单击“公式”下拉按钮，在下拉列表中单击“插入新公式”选项。

利用“公式工具|设计”选项卡在公式编辑区内输入：

$$p(a \leqslant x \leqslant b) = \sqrt[3]{x^2 + 2x + 10}, \mathrm{e}^x = 1 + x + \frac{x^2}{2!} + \frac{x^3}{3!} + \cdots + \frac{x^n}{n!}$$

输完后鼠标在公式编辑区外空白处单击，结束输入。单击公式，拖动尺寸句柄，适当调整大小，并移到合适位置。

(5) 输入“漂亮的图片”，利用“开始”选项卡“字体”组中相应的按钮设置字体为“华文行楷”，字号为“小四”，单击“段落”组中的“文本右对齐”按钮。

(6) 插入图片。在“插入”选项卡的“插图”组中单击“图片”按钮，打开“插入图片”对话框，选择准备好的荷塘.jpg文件插入。选中图片，拖动尺寸句柄，适当调整大小，并移到合适位置。在“图片工具|格式”选项卡的“调整”组中单击“更正”下拉按钮，在下拉列表“亮度和对比度”区中选择合适的效果；接着在“排列”组中单击“自动换行”下拉按钮，选中“嵌入”型。

(7) 绘制图形。在“插入”选项卡的“插图”组中单击“形状”下拉按钮，在形状库中“基本形状”区选择“新月形”，在合适的地方画好，并拖动尺寸句柄适当改变大小和形状。移动鼠标指针到图片上方的绿色圆点，鼠标指针变成圆圈状，拖动鼠标使图形旋转到合适位置。在“形状样式”组中单击“形状填充”下拉按钮，在下拉列表“标准色”区中选择“黄色”。用同样的方法画好星星，并复制两个，分别修改每个图形的形状、调整图形的角度、设置图形的填充色、将图形移到合适的位置。按住Shift键，依次单击月亮和每个星星，再在图

形中右击，从弹出的快捷菜单中选择“组合|组合”选项，调整这个组合对象的大小将其移到图片“荷塘”之上。

(8) 输入“漂亮的流程图”，在“开始”选项卡的“字体”组中单击相应的按钮，设置字体为“华文行楷”，字号为“小四”，在“开始”选项卡的“段落”组中单击“文本左对齐”按钮。

(9) 绘制流程图。在“插入”选项卡的“插图”组中单击“形状”下拉按钮，在形状库中选择“流程图”中的相应图形，画在合适的地方。在“绘图工具|格式”选项卡“形状样式”组的形状库中的样式“彩色轮廓-黑色，深色 1”，再单击该组“形状轮廓”下拉按钮，在下拉列表中选择“粗细”，单击线条“1 磅”；在图形中右击，从弹出的快捷菜单中选择“添加文字”选项，输入文字；单击“线条”区的单向箭头按钮↘，画出向右的箭头。重复以上操作，继续插入其他形状直至完成。

(10) 输入文字“漂亮的文章”，在“开始”选项卡的“字体”组中单击相应按钮，设置字体为“华文行楷”，字号为“小四”，单击“段落”组中的“文本右对齐”按钮。

(11) 输入文字“忽然想起采莲的事情来了……妻已睡熟好久了。”

(12) 设置图片水印效果。在“插入”选项卡的“插图”组中单击“图片”按钮，打开“插入图片”对话框，选择准备好的“采莲”图片(可以是其他与莲花有关的图片)插入，拖动尺寸句柄到合适大小。在“图片工具|格式”选项卡的“调整”组中单击“颜色”下拉按钮，在下拉列表“重新着色”区中单击“冲蚀”按钮。在“排列”组中单击“自动换行”下拉按钮，在下拉列表中选择“衬于文字下方”。

(13) 插入文本框。在“插入”选项卡的“插图”组中单击“形状”下拉按钮，在展开的形状库中“基本形状”区选择“文本框”，画在合适的位置上，选中文字“采莲南塘秋，莲花过人头；低头弄莲子，莲子清如水。”，按 Ctrl＋X 快捷键，再单击文本框，按 Ctrl＋V 快捷键，将文字放入文本框。选中文本框，右击，从弹出的快捷菜单中选择“设置形状格式”选项，打开“设置形状格式”对话框，在“填充”栏中选中“渐变填充”单选按钮，单击“预设颜色”下拉按钮，在下拉列表中选择“雨后初晴”，单击“类型”下拉按钮，在下拉列表中选择“射线”，单击“方向”按钮，在下拉列表中选择“中心辐射”；在“线条颜色”选项卡中单击“颜色”下拉按钮，选择“紫色”；在“线形”选项卡的“宽度”框输入“1.5 磅”，在“短划线类型”中选择“圆点”。单击“关闭”按钮。

(14) 在“文件”选项卡中选择“保存”选项，打开“另存为”对话框，将文件保存在 E：\word3 文件夹中，文件名为 w5，单击“保存”按钮。

【思考与练习】

(1) 建立如图 7-5 所示的表格，将文件保存在 E：\word3 文件夹中，并进行以下

	一季度	二季度	三季度	四季度
福星店	2824	2239	2569	3890
西湖店	2589	3089	4120	4500
盐城店	1389	2209	2556	3902
南山店	1120	2498	3001	3450

图 7-5　便民集团销售统计表

操作：

① 在表格底部添加一空行，在该行第一个单元格内输入行标题“平均值”，在该行其余单元格中计算并填入相应列中数据的平均值，平均值保留一位小数。

② 在表格最右边添加一列，列标题为“全年”，计算各店全年的总和，按“全年”列降序排列表格内容。

③ 表格中第1行和第1列内容水平方向居中对齐，其他单元格内容水平方向两端对齐，垂直方向底端对齐。

④ 表格自动套用格式为“流行型”，并将表格居中。

⑤ 在表格顶端添加标题“便民集团销售统计表”，并设置为小二号、隶书、加粗，居中。以原文件名保存文档。结果如图7-6所示。

便民集团销售统计表

	一季度	二季度	三季度	四季度	全年
西湖店	2589	3089	4120	4500	14298
福星店	2824	2239	2569	3890	11522
南山店	1120	2498	3001	3450	10069
盐城店	1389	2209	2556	3902	10056
平均值	1980.5	2508.8	3061.5	3935.5	

图7-6 表格计算和格式化效果

(2) 打开前面保存在E：\word2文件夹中的w2.docx文件，将前5段正文复制到一个新文件中，各段之间空一行，并以w7.docx为文件名保存在E：\word3文件夹中，然后进行如下操作：

① 在第1段前插入艺术字“美丽的春天”，样式为“填充-橄榄色，强调文字颜色3，粉状棱台”，文本效果：“发光-发光变体-红色，11pt发光，强调文字颜色2”，“转换-弯曲-波形2”，如图7-7所示。

② 插入蝴蝶剪贴画(如样张所示)，缩小到20%，环绕方式为“紧密型环绕”；插入花朵剪贴画，图片的高度和宽度均设置为3cm，环绕方式为“衬于文字下方”，并作为水印放在样张所示位置。(注意：蝴蝶和花朵剪贴画是Office网上剪辑，可以通过“剪贴画”任务窗格搜索，此时计算机应联网操作)。

③ 按图7-7所示插入竖排文本框，样式为“细微效果-红色，强调颜色2”，形状效果为“阴影-透视-左上对角透视”。

④ 利用自选图形绘制如样张所示的流程图，组合并设置填充色为“浅蓝”。

⑤ 在文末输入公式：

$$F(y)=\int_{y}^{y^2} e^{-x^2 y}dx+\prod_{y=1}^{100} y^2+\sqrt[2]{\frac{y+1}{dy-1}+1}$$

⑥ 并设置填充色为“浅绿”。

⑦ 将文档以原文件名保存。

(3) 完成以下操作：

① 将前面设计性实验中收集的文字和相关素材制作一个手抄报，如图7-8所示。

盼望着，盼望着，东风来了，春天的脚步近了。

一切都像刚睡醒的样子，欣欣然张开了眼。山朗润起来了，水长起来了，太阳的脸红起来了。

小草偷偷地从土里钻出来，嫩嫩的，绿绿的。园子里，田野里，瞧去，一大片一大片满是的。坐着，躺着，打两个滚，踢几脚球，赛几趟跑，捉几回迷藏。风轻悄悄的，草绵软软的。

桃树、杏树、梨树，你不让我，我不让你，都开满了花赶趟儿。红的像火，粉的像霞，白的像雪。花里带着甜味，闭了眼，树上仿佛已经满是桃儿、杏儿、梨儿！花下成千成百的蜜蜂嗡嗡地闹着，大小的蝴蝶飞来飞去。野花遍地是：杂样儿，有名字的，没名字的，散在草丛里，像眼睛，像星星，还眨呀眨的。

吹面不寒杨柳风

不错的，风里带来些新翻的泥土的气息，混着青草味，还有各种花的香，都在微微润湿的空气里酝酿。鸟儿将巢安在繁花嫩叶当中，高兴起来了，呼朋引伴地卖弄清脆的喉咙，唱出宛转的曲子，与轻风流水应和着。牛背上牧童的短笛，这时候也成天在嘹亮地响。

开始 → 输入密码 → 正确？ Yes / No

$$F(y)=\int_{y}^{y^2} e^{-x^2 y}\,dx+\prod_{y=1}^{100} y^2+\sqrt[3]{\frac{y+1}{y-1}}+1$$

图 7-7　图形处理样张

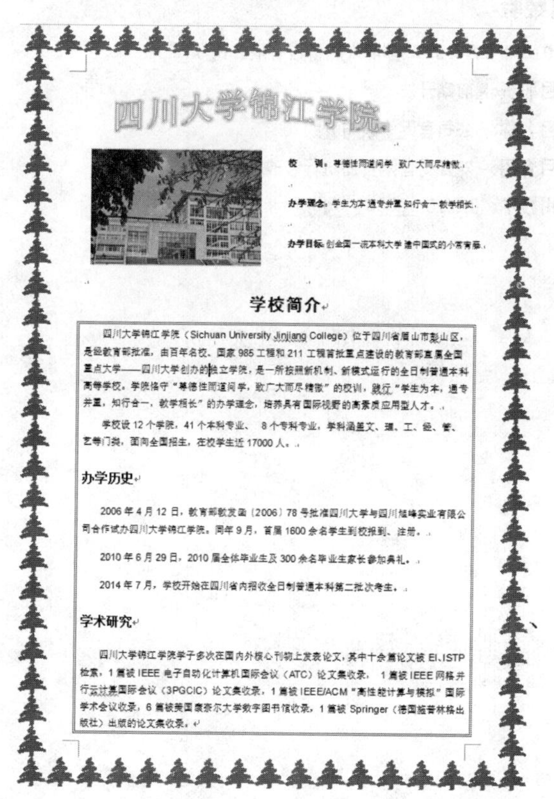

四川大学锦江学院

校　训：尊德性而道问学 致广大而尽精微

办学理念：学生为本 通专并重 知行合一 教学相长

办学目标：创全国一流本科大学 建中国式的小常青藤

学校简介

四川大学锦江学院（Sichuan University Jinjiang College）位于四川省眉山市彭山区，是经教育部批准，由百年名校、国家 985 工程和 211 工程首批重点建设的教育部直属全国重点大学——四川大学创办的独立学院，是一所按照新机制、新模式运行的全日制普通本科高等学校。学院恪守“尊德性而道问学，致广大而尽精微”的校训，践行“学生为本，通专并重，知行合一，教学相长”的办学理念，培养具有国际视野的高素质应用型人才。

学校设 12 个学院，41 个本科专业、 8 个专科专业，学科涵盖文、理、工、经、管、艺等门类，面向全国招生，在校学生近 17000 人。

办学历史

2006 年 4 月 12 日，教育部教发函〔2006〕78 号批准四川大学与四川植峰实业有限公司合作试办四川大学锦江学院。同年 9 月，首届 1600 余名学生到校报到、注册。

2010 年 6 月 29 日，2010 届全体毕业生及 300 余名毕业生家长参加典礼。

2014 年 7 月，学校开始在四川省内招收全日制普通本科第二批次考生。

学术研究

四川大学锦江学院学子多次在国内外核心刊物上发表论文，其中十余篇论文被 EI、ISTP 检索，1 篇被 IEEE 电子自动化计算机国际会议（ATC）论文集收录， 1 篇被 IEEE 网格并行云计算国际会议（3PGCIC）论文集收录，1 篇被 IEEE/ACM “高性能计算与模拟”国际学术会议收录，6 篇被美国康奈尔大学数字图书馆收录，1 篇被 Springer（德国施普林格出版社）出版的论文集收录。

图 7-8　手抄报

② 做一个自我介绍的 Word 文档，要求图文并茂、兼具表格。图形可以是自己的自画像或照片，自我介绍包括姓名、性别、出生日期、学历、专业、院校、电话、邮箱等，表格是自己的个人简历，其格式可以参考图 7-9。

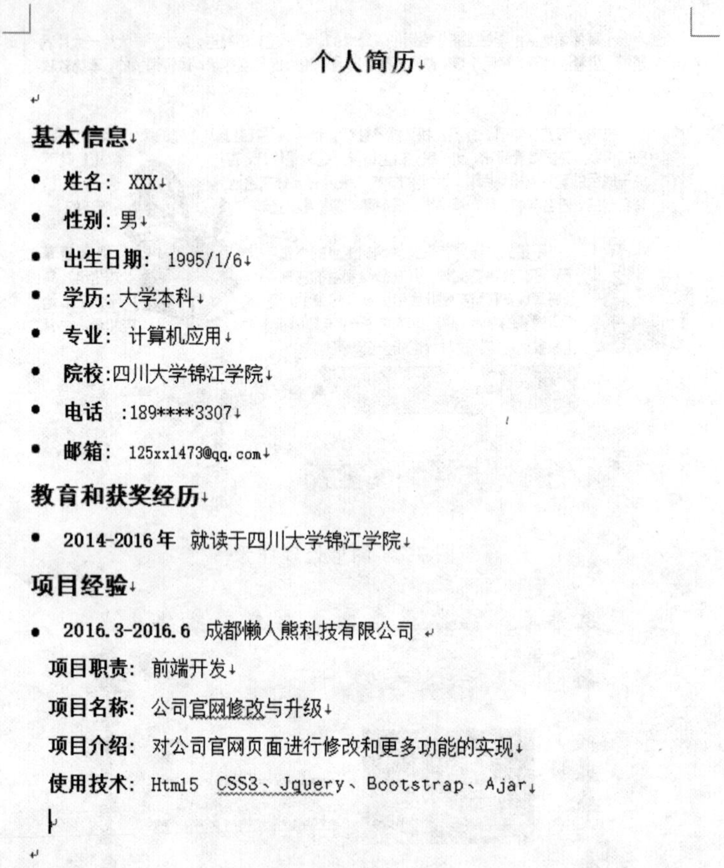

个人简历

基本信息

- **姓名**: XXX
- **性别**: 男
- **出生日期**: 1995/1/6
- **学历**: 大学本科
- **专业**: 计算机应用
- **院校**: 四川大学锦江学院
- **电话**: 189****3307
- **邮箱**: 125xx1473@qq.com

教育和获奖经历

- **2014-2016 年** 就读于四川大学锦江学院

项目经验

- **2016.3-2016.6** 成都懒人熊科技有限公司

项目职责: 前端开发

项目名称: 公司官网修改与升级

项目介绍: 对公司官网页面进行修改和更多功能的实现

使用技术: Html5 CSS3、Jquery、Bootstrap、Ajar

图 7-9 个人简历

综合任务Ⅱ

Word 2010 常用的操作

1. 基本操作

(1) 打开 Word 文件。

方法 1：双击要打开的 Word 文件的文件名，系统会自动启动 Word 程序(前提是系统已经安装 Word 软件)，并打开该文件。

方法 2：启动 Word，在“文件”选项卡中选择“打开”选项，弹出“打开”对话框，设置文件的路径，单击对话框中的 Word 文件，单击对话框中“打开”按钮。

(2) 新建 Word 文件。启动 Word 后，在“文件”选项卡中选择“新建”选项，在可用模板中选择“空白文档”，然后在右边预览窗口下单击“创建”按钮。

(3) 保存 Word 文件。

① 文档编辑完毕、检查无误后，在“文件”选项卡中选择“另存为”选项，弹出“另存为”对话框，设置保存位置、文件名，单击“确定”按钮。

② 对已经正确保存过的文件，在“文件”选项卡中选择“保存”选项，完成保存操作。

(4) 插入 Word 文件。

① 将光标插入到要插入文件的位置。

② 在“插入”选项卡的“文本”组中单击“对象”下拉按钮，选择“文件中的文字”选项，弹出“插入文件”对话框，设置插入文件的位置，单击该文件，单击“确定”按钮。

(5) 复制、删除文档。

① 复制文档首先必须选定要删除的文档内容。

② 按 Ctrl+C 组合键复制。

③ 将光标移到要粘贴的地方，按 Ctrl+V 组合键粘贴。

删除文件的方法是选定文档内容后，直接按 Delete 键删除。

2. 替换

(1) 在“开始”选项卡“编辑”组中单击“替换”选项。

(2) 弹出“查找和替换”对话框，在“查找内容”框中输入查找内容，在“替换为”内容框中输入要替换的内容。

(3) 如需对“查找内容”或“替换为”进行高级设置，可以将光标置于“查找内容”或“替换为"框中，单击"更多"按钮，弹出拓展的对话框，在"格式""特殊字符"中一一设置。

3. 文字格式设置

(1) 字体格式。

① 选定要设置格式的文字。

② 在"开始"选项卡中单击"字体"组的对话框启动器按钮。

③ 弹出"字体"对话框，设置中英文的字体、字号、字形、效果、下画线、文字颜色等。

(2) 文字底纹。

① 选定要设置格式的文字。

② 在"开始"选项卡的"段落"组中单击"下框线"下拉按钮，选择"边框和底纹"选项。

③ 在弹出的"边框和底纹"对话框的"底纹"选项卡中设置文字底纹等属性。

4. 段落格式设置

涉及段落格式设置的操作大致有5项：

(1) 段落对齐。

(2) 行距。

(3) 特殊格式(首行缩进、悬挂缩进)。

(4) 段前/后间距。

(5) 左/右缩进。在"开始"选项卡中单击"段落"组的对话框启动器按钮，弹出"段落"对话框，在对话框中一一设置即可。

5. 特殊格式设置

(1) 项目符号和编码。

① 首先选定要设置项目符号和编号的段落。

② 在"开始"选项卡的"段落"组中单击"项目符号"和"编号"的下拉按钮，设置合适的项目符号和编号。

(2) 分栏。

① 首先选定要设置分栏的段落。

② 在"页面布局"选项卡的"页面设置"组中单击"分栏"下拉按钮，选择"更多分栏"选项，弹出"分栏"对话框。

③ 一一设置栏数、栏间距、栏宽和分隔线。

(3) 首字下沉。

① 首先选定要设置首字下沉的段落。

② 在"插入"选项卡的"文本"组中单击"首字下沉"下拉按钮，选择"首字下沉选项"选项，弹出"首字下沉"对话框。

③ 一一设置位置、字体、下沉行数和距正文尺寸。

6. 表格设置

(1) 新建表格。

① 将光标置于要插入表格的地方。

② 在“插入”选项卡的“表格”组中单击“表格”下拉按钮，选择“插入表格”选项。

③ 弹出“插入表格”对话框，设置行数和列数。

(2) 设置行高列宽。

① 选定要设置行高列宽的行、列。

② 在“表格工具|布局”选项卡的“单元格大小”组中，通过“高度”和“宽度”数值框中设置行高和列宽。

也可以从右键快捷菜单中选择“表格属性”选项，弹出“表格属性”对话框，在“行”和“列”选项卡中设置行高、列宽，注意行高值选择“固定值”。

(3) 插入、删除列或行。

① 选定某列。

② 在“表格工具|布局”选项卡的“行和列”组中选择相应的选项。

③ 插入行、删除行的操作同理。

也可以在右键快捷菜单中选择对应选项进行操作。

(4) 拆分、合并单元格。

① 选定要拆分的单元格。

② 在“表格工具|布局”选项卡的“合并”组中单击“拆分单元格”选项。

③ 在弹出的“拆分单元格”对话框中设置拆分后的行数和列数。

④ 合并单元格的方法类似，不同的是在“表格工具|布局”选项卡的“合并”组中单击“合并单元格”按钮。

(5) 设置边框线和底纹。

① 选定要设置的单元格。

② 在“表格工具|设计”选项卡的“表格样式”组中单击“边框”的下拉按钮，选择“边框和底纹”选项。

③ 在弹出的“边框和底纹”对话框的“边框”选项卡中设置线形、宽度和颜色，设置为外框线。

④ 单击“自定义”按钮之后，再重新设置一遍线形、宽度和颜色，然后用鼠标一一单击“预览区”中表格的内框线。

⑤ 设置底纹是在“底纹”选项卡中设置的。

(6) 设置文字水平对齐和垂直对齐方式。

① 选定要设置的单元格。

② 在“表格工具|布局选项卡的“对齐方式”组中选”单击需要的对齐方式按钮，或者右击，从弹出的快捷菜单中选择“单元格对齐方式”的子菜单中选择相应的对齐方式。

水平对齐方式还可以在“开始”选项卡的“段落”组中单击相应按钮进行设置，垂直对齐方式也可以在选定表格内容后，在“表格工具|布局” 选项卡的“表”组中单击“属性”按钮，弹出“表格属性”对话框，在“单元格”选项卡“垂直对齐方式”栏中设置。

7. 表格数据处理

(1) 数据计算。在计算一列或一行数据的总计、平均值时,可以使用表格的公式功能。

① 将光标置于存放计算结果的单元格中。

② 在“表格工具|布局”选项卡的“数据”组中单击“公式”按钮。

③ 在弹出的“公式”对话框中输入公式。公式格式为“=SUM(LEFT)”,其中 SUM 是函数名,表示求和;LEFT 是函数的参数,表示选定单元格左侧的所有单元格数据。常用的函数还有 AVERAGE( )求平均值。参数还有 RIGHT(右侧)、ABOVE(上方)、BELOW(下方)。最后单击“确定”按钮。

(2) 排序。

① 排序的第一步是选中全表或将光标置于表中。

② 在“表格工具|布局”选项卡的“数据”组中单击“排序”按钮。

③ 弹出“排序”对话框,设置“排序依据”“类型”“升序”或“降序”。

(3) 文字转换成表格。

① 将每一行需要分在不同列的文字之间用空格隔开。

② 首先选定要转成表格的内容。在“插入”选项卡的“表格”组单击“表格”下拉按钮,选择“文本转换成表格”选项。

③ 打开“将文字转换成表格”对话框,设置“文字分隔位置”为空格,列数为 3 列,单击“确定”按钮。

8. 上机练习

【上机练习 1】 完成如图Ⅱ-1 所示样文。

四川大学锦江学院

四川大学锦江学院(Sichuan University Jinjiang College)位于四川省眉山市彭山区,是经教育部批准,由百年名校、国家 985 工程和 211 工程首批重点建设的教育部直属全国重点大学——四川大学创办的独立学院,是一所按照新机制、新模式运行的全日制普通本科高等学校。学院恪守“尊德性而道问学,致广大而尽精微”的校训,践行“学生为本,通专并重,知行合一,教学相长”的办学理念,培养具有国际视野的高素质应用型人才。

四川大学锦江学院学子多次在国内外核心刊物上发表论文,其中十余篇论文被 EI、ISTP 检索,1 篇被 IEEE 电子自动化计算机国际会议(ATC)论文集收录,1 篇被 IEEE 网格并行云计算国际会议(3PGCIC)论文集收录,1 篇被 IEEE/ACM“高性能计算与模拟”国际学术会议收录,6 篇被美国康奈尔大学数字图书馆收录,1 篇被 Springer(德国施普林格出版社)出版的论文集收录;在第十三届中国北京国际科技产业博览会中,我校《基于“TG”信息安全理念的数字作品保护》作为全国唯一一项高校学生作品受邀参加展览;另外,我校学生申请国家专利 110 项,获得专利授权 22 项。

图Ⅱ-1　上机练习 1 样文

要求如下：

(1) 将标题段文字（“四川大学锦江学院”）设置为二号蓝色空心黑体、倾斜、居中；字符间距加宽 2 磅。

(2) 将文中所有“实”改为“石”；在页面底端（页脚）居中位置插入页码。

(3) 设置正文第 1 段（“四川大学锦江学院……高素质应用型人才。”）左缩进 3 字符，悬挂缩进 2 字符，段前间距 0.5 行，段后间距 1.24 行，1.5 倍行距；首字下沉 2 行（距正文 0.2 厘米）。

(4) 第 1 段后插入一张剪贴画（搜索“风景”），并设置图片格式为大小缩放 50%，四周型环绕，置于段落右侧。

(5) 正文第 2 段（“四川大学锦江学院……获得专利授权 22 项。”）首行缩进 2 字符，1.3 倍行距，左对齐；分 3 栏显示，加分隔线。

(6) 正文第 2 段中“四川大学”四字设置为幼圆、蓝色、加粗；外框为红色、1.5 磅；底纹：样式 15%、白色，背景 1，深色 50%。

最终效果如图Ⅱ-2 所示。

四川大学锦江学院

四川大学锦江学院（Sichuan University Jinjiang College）位于四川省眉山市彭山区，是经教育部批准，由百年名校、国家 985 工程和 211 工程首批重点建设的教育部直属全国重点大学——四川大学创办的独立学院，是一所按照新机制、新模式运行的全日制普通本科高等学校。

学院恪守“尊德性而道问学，致广大而尽精微”的校训，践行“学生为本，通专并重，知行合一，教学相长”的办学理念，培养具有国际视野的高素质应用型人才。

四川大学锦江学院学子多次在国内外核心刊物上发表论文，其中十余篇论文被 EI、ISTP 检索，1 篇被 IEEE 电子自动化计算机国际会议（ATC）论文集收录，1 篇被 IEEE 网格并行云计算国际会议（3PGCIC）论文集收录，1 篇被 IEEE/ACM “高性能计算与模拟”国际学术会议收录，6 篇被美国康奈尔大学数字图书馆收录，1 篇被 Springer（德国施普林格出版社）出版的论文集收录；在第十三届中国北京国际科技产业博览会中，我校《基于“TG”信息安全理念的数字作品保护》作为全国唯一一项高校学生作品受邀参加展览；另外，我校学生申请国家专利 110 项，获得专利授权 22 项。

图Ⅱ-2　上机练习 1 最终效果图

【上机练习 2】 完成如图Ⅱ-3 所示样文。

要求如下：

(1) 将标题段文字（“计算机学院”）设为艺术字，样式为艺术字库中的第 2 行第 3 列，华文行楷，字号 28，上下型环绕，下方距正文 0.6 厘米，居中对齐，艺术字形状为陀螺形。

(2) 设置正文第 1 段("计算机……副教授职称。")为楷体、小四、倾斜;左缩进 2.5 字符,右缩进 2.5 字符,首行缩进 2 字符,1.3 倍行距,分散对齐。

> 计算机学院
>
> 计算机技术是现代信息技术的核心,广泛应用于各行各业,计算机科技人才需求量越来越大,毕业生供不应求。学院设置计算机科学与技术、软件工程、物联网工程三个本科专业和计算机应用技术专科专业,以四川大学计算机学院为依托,现有专任教师 36 名,中青年教师均具有硕士、博士学位,骨干教师主要来自四川大学,绝大多数具有教授、副教授职称。
>
> 学院组织和引导学生积极参加科技创新和各级学科竞赛活动,成果累累。近年来,学生公开发表科技论文四十余篇,其中 20 篇分别被 EI、ISTP 检索;申请国家专利 28 项;获学科竞赛全国奖 97 项,省级奖 137 项,获奖人数及项数在省内高校同类院系中均处于前列。

图Ⅱ-3 上机练习 2 样文

(3) 正文第 2 段设置为宋体、小四、加粗;首行缩进 2 字符,段前间距 0.5 行;加蓝色、1.5 磅宽的阴影方框;第 2 段添加底纹,图案样式:12.5%,图案颜色:浅绿色。

(4) 正文中"毕业生"两字替换格式为隶书、红色、加单波浪下画线。

(5) 正文第 2 段中"申请国家专利 28 项。"改为繁体,位置提升 2.6 磅。

最终效果如图Ⅱ-4 所示。

> 计算机学院
>
> *计算机技术是现代信息技术的核心,广泛应用于各行各业,计算机科技人才需求量越来越大,毕业生供不应求。学院设计算机科学与技术、软件工程、物联网工程三个本科专业和计算机应用技术专科专业,以四川大学计算机学院为依托,现有专任教师36名,中青年教师均具有硕士、博士学位,骨干教师主要来自四川大学,绝大多数具有教授、副教授职称。*
>
> **学院组织和引导学生积极参加科技创新和各级学科竞赛活动,成果累累。近年来,学生公开发表科技论文四十余篇,其中二十篇分别被 EI、ISTP 检索;申请国家专利 28 项;获学科竞赛全国奖 97 项,省级奖 137 项,获奖人数及项数在省内高校同类院系中均处于前列。**

图Ⅱ-4 上机练习 2 最终效果图

【上机练习 3】 完成如表Ⅱ-1 所示样表。

表Ⅱ-1　学生对四川大学锦江学院电信宽带服务的建议表

建　议	百　分　比
提高速度	41.7%
费用要合理	24.8%
内容要丰富，减少不健康的内容	15.2%
增强稳定性	11.2%
增强安全性	9.1%
提高服务水平	6.3%
提高普及率	4.0%
减少广告和垃圾邮件	2.7%
提高服务商软硬件水平	1.6%
及时更新内容	1.6%
增加专业性内容	1.0%
增加服务商，避免垄断	0.6%

要求如下：

(1) 将样表转换成一个7行4列的表格，其中，第1列、第3列为“建议”，列宽为5厘米；第2列、第4列为“百分比”，列宽为1.5厘米；行高为0.8厘米。

(2) 所有单元格对齐方式为中部居中对齐。

(3) 表格外框线为绿色双实线，线宽1.5磅；第1行下框线为黑色单实线，线宽1.5磅；其余内框线为黑色单实线，线宽1磅。

(4) 表格第1行字体设为小四号，楷体，红色、加粗，添加浅青绿色底纹，10%图案样式。

最终效果如图Ⅱ-5所示。

建议	百分比	建议	百分比
提高速度	41.7%	提高普及率	4.0%
费用要合理	24.8%	减少广告和垃圾邮件	2.7%
内容要丰富，减少不健康内容	15.2%	提高服务商软硬件水平	1.6%
增强稳定性	11.2%	及时更新内容	1.6%
增强安全性	9.1%	增加专业性内容	1.0%
提高服务水平	6.3%	增加服务商，避免垄断	0.6%

图Ⅱ-5　上机练习3最终效果图

【上机练习4】 完成如图Ⅱ-6所示样表。

2017年中国独立学院排行榜10强				
学校名称	所在地区	总分	办学层次	星级排名
吉林大学珠海学院	广东	100	中国一流独立学院	五星级
云南师范大学商学院	云南	99.79	中国一流独立学院	五星级
四川大学锦江学院	四川	99.77	中国一流独立学院	五星级
北京师范大学珠海分校	广东	99.75	中国一流独立学院	五星级
武汉科技大学城市学院	湖北	99.64	中国一流独立学院	五星级
燕山大学里仁学院	河北	99.58	中国一流独立学院	五星级
华南理工大学广州学院	广东	99.49	中国一流独立学院	五星级
浙江大学城市学院	浙江	99.28	中国一流独立学院	五星级
南京大学金陵学院	江苏	98.53	中国一流独立学院	五星级
厦门大学嘉庚学院	福建	98.50	中国一流独立学院	五星级

图Ⅱ-6　上机练习4样表

要求如下：

(1) 将文中后11行文字转换成一个12行6列的表格。

(2) 在表格的第1行之前插入一行，合并单元格，并输入文字“2017年中国独立学院排行榜10强”；设置字体为蓝色，黑体，小四号，添加浅黄色底纹。

(3) 在表格末尾添加1行，并在第1列(“名称”列) 单元格内输入“合计”二字，在第2列(“总分”列) 中分别利用公式计算出相应的合计值。

(4) 设置表格居中，列宽为4厘米，行高为0.56厘米，表格中所有文字为中部居中。第2行到第12行所有文字设置为黑色，楷体，五号。第13行文字设置为红色，楷体，五号，加粗。

(5) 设置表格外框线和第1行与第2行之间的内框线为1.5磅绿色单实线，其余内框线为0.5磅绿色单实线。

最终效果如图Ⅱ-7所示。

2017年中国独立学院排行榜10强				
学校名称	所在地区	总分	办学层次	星级排名
吉林大学珠海学院	广东	100	中国一流独立学院	五星级
云南师范大学商学院	云南	99.79	中国一流独立学院	五星级
四川大学锦江学院	四川	99.77	中国一流独立学院	五星级
北京师范大学珠海分校	广东	99.75	中国一流独立学院	五星级
武汉科技大学城市学院	湖北	99.64	中国一流独立学院	五星级
燕山大学里仁学院	河北	99.58	中国一流独立学院	五星级
华南理工大学广州学院	广东	99.49	中国一流独立学院	五星级
浙江大学城市学院	浙江	99.28	中国一流独立学院	五星级
南京大学金陵学院	江苏	98.53	中国一流独立学院	五星级
厦门大学嘉庚学院	福建	98.50	中国一流独立学院	五星级
合计		994.33		

图Ⅱ-7　上机练习4最终效果图

第三部分

电子表格处理软件Excel 2010

实验8

Excel 2010 工作表基本操作

【实验目的】

(1) 熟练掌握工作表中数据的输入。

(2) 熟练掌握在工作表中应用公式和函数的方法。

(3) 熟练掌握工作表的编辑和格式化操作。

(4) 熟练掌握图表的创建、编辑和格式化。

【实验内容】

处理学生成绩表(一)。要求如下:

(1) 建立如图 8-1 所示的某专业学生成绩表。然后将“李方”同学的英语成绩改为 86 分,在“李方”前添加“郑凯”同学的成绩记录“电子学院、郑凯、男、1991/1/1、一、66、68、78”。

	A	B	C	D	E	F	G	H
1	院系名称	姓名	性别	出生日期	班级	高等数学	英语	大学计算机基础
2	英语学院	王小名	女	1990-02-12	二	70	75	80
3	电子学院	熊小燕	女	1992-04-21	二	78	77	50
4	经济学院	王文艺	女	1998-06-15	二	86	69	88
5	经济学院	刘明	男	1989-12-17	二	96	88	95
6	英语学院	赵方迪	女	1990-08-16	三	60	77	64
7	经济学院	李岚	女	1991-04-15	三	68	83	88
8	英语学院	周立	女	1991-12-13	三	78	92	60
9	经济学院	王春	男	1992-08-11	三	75	66	92
10	电子学院	刘海	男	1993-04-10	三	84	71	72
11	英语学院	刘小芳	女	1993-12-08	一	67	73	85
12	经济学院	胡小红	女	1994-08-07	一	96	77	88
13	英语学院	文华	男	1995-04-06	一	76	84	76
14	电子学院	邓立明	男	1995-12-04	一	57	50	56
15	经济学院	李方	男	1996-08-02	一	74	77	88

图 8-1　某专业学生成绩表

(2) 在 I、J、K 和 L 列分别输入列标题“总分”“平均分”“评语”“名次”，在表格最下边增加一行“各科平均分”，并将结果用函数计算出来。

(3) 表格格式化。在第 1 行上面插入一行，A1 单元格输入“学生成绩表”，将 A1～L1 单元格合并为一个；标题文字格式为黑体、18 号、加粗、在单元格中水平和垂直方向均为居中显示；给工作表加边框线：外框为粗线，内框为细线；“姓名”所在行添加底纹：底纹“浅绿”；对不及格的成绩设置格式：字体为“红色、加粗倾斜”，单元格底纹为“白色，背景 1，深色 25%”。

(4) 根据各科成绩和姓名产生一个柱形图，图表标题为“某专业学生成绩图”，横坐标标题为“姓名”，纵坐标标题为“分数”，嵌入 A20：L32 中。

(5) 将文件保存在 E：\Excel1 文件夹中，文件命名为“学生成绩.xlsx”。

【操作步骤】

(1) 在资源管理器中，进入 E 盘窗口，在窗口的空白处右击，从弹出的快捷菜单中选择“新建”|“文件夹”选项，输入文件夹名“excel1”，按 Enter 键。

(2) 启动 Excel 2010，进入 Excel 窗口。

(3) 双击单元格，输入成绩表内容。

(4) 双击 G15 单元格，将成绩由 77 改为 86。将光标停留在“李方”单元格上，右击，从弹出的快捷菜单中选择“插入”选项，打开“插入”对话框，选中“整行”单选按钮，则在该处插入一行空单元格，输入“郑凯”的记录。

(5) 分别在 I1、J1、K1 和 L1 列输入列标题“总分”“平均分”“评语”“名次”，在 A16 单元格输入“各科平均分”，将 A16：E16 合并后居中，结果如图 8-2 所示。

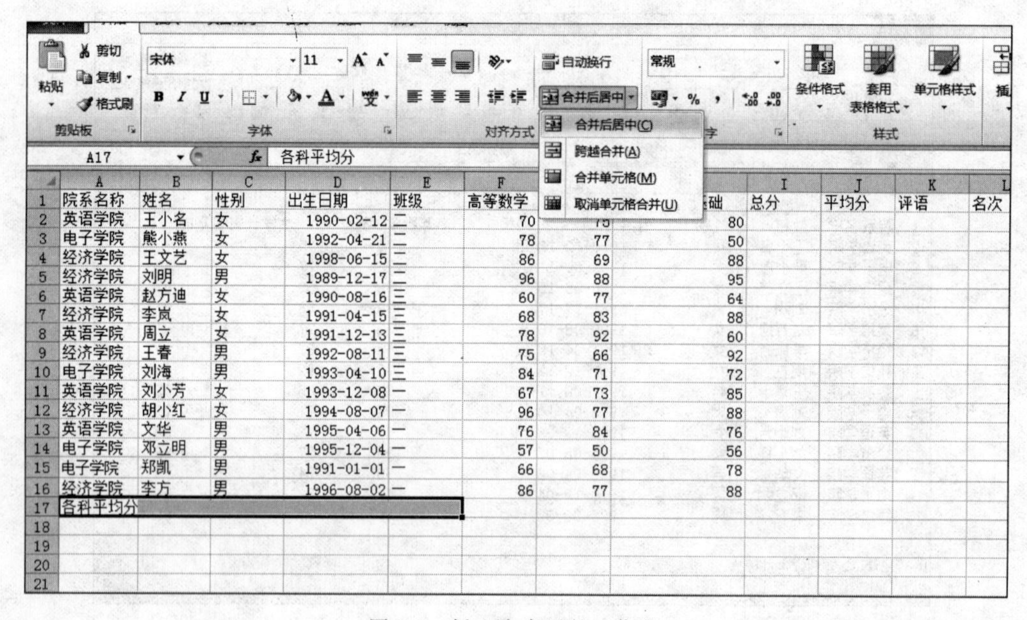

	A	B	C	D	E	F	G	H	I	J	K	L
1	院系名称	姓名	性别	出生日期	班级	高等数学		础	总分	平均分	评语	名次
2	英语学院	王小名	女	1990-02-12	二	70	75	80				
3	电子学院	熊小燕	女	1992-04-21	二	78	77	50				
4	经济学院	王文艺	女	1998-06-15	二	86	69	88				
5	经济学院	刘明	男	1989-12-17	二	96	88	95				
6	英语学院	赵方迪	女	1990-08-16	三	60	77	64				
7	经济学院	李岚	女	1991-04-15	三	68	83	88				
8	英语学院	周立	女	1991-12-13	三	78	92	60				
9	经济学院	王春	男	1992-08-11	三	75	66	92				
10	电子学院	刘海	男	1993-04-10	三	84	71	72				
11	英语学院	刘小芳	女	1993-12-08	一	67	73	85				
12	经济学院	胡小红	女	1994-08-07	一	96	77	88				
13	英语学院	文华	男	1995-04-06	一	76	84	76				
14	电子学院	邓立明	男	1995-12-04	一	57	50	56				
15	电子学院	郑凯	男	1991-01-01	一	66	68	78				
16	经济学院	李方	男	1996-08-02	一	86	77	88				
17	各科平均分											
18												
19												
20												
21												

图 8-2 插入内容后的工作表

(6) 双击 I2 单元格，求总分。在“公式”选项卡的“函数库”组中单击“自动求和”下拉按钮Σ，在下拉列表中选择“求和”选项，如图 8-3 所示，确认公式正确后按 Enter 键，即可自动将求和结果输入到 I2 单元格。然后用自动填充的方法计算其他总分，即单击 I2，将鼠标指针移至 I2 的右下角填充柄处，当鼠标指针由空心粗十字变为实心细十字时按住鼠标左键，拖动至结束单元格 I5。

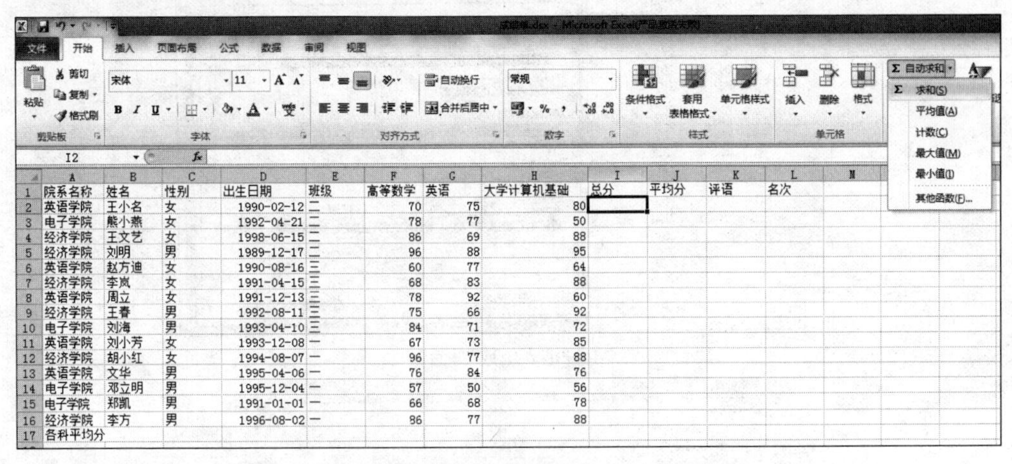

	A	B	C	D	E	F	G	H	I	J	K	L
1	院系名称	姓名	性别	出生日期	班级	高等数学	英语	大学计算机基础	总分	平均分	评语	名次
2	英语学院	王小名	女	1990-02-12	二	70	75	80				
3	电子学院	熊小燕	女	1992-04-21	二	78	77	50				
4	经济学院	王文艺	女	1998-06-15	二	86	69	88				
5	经济学院	刘明	男	1989-12-17	二	96	88	95				
6	英语学院	赵方迪	女	1990-08-16	三	60	77	64				
7	经济学院	李岚	女	1991-04-15	三	68	83	88				
8	英语学院	周立	女	1991-12-13	三	78	92	60				
9	经济学院	王春	男	1992-08-11	三	75	66	92				
10	电子学院	刘海	男	1993-04-10	三	84	71	72				
11	英语学院	刘小芳	女	1993-12-08	一	67	73	85				
12	经济学院	胡小红	女	1994-08-07	一	96	77	88				
13	英语学院	文华	男	1995-04-06	一	76	84	76				
14	电子学院	邓立明	男	1995-12-04	一	57	50	56				
15	电子学院	郑凯	男	1991-01-01	一	66	68	78				
16	经济学院	李方	男	1996-08-02	一	86	77	88				
17	各科平均分											

图 8-3 使用函数计算总分列

(7) 双击 J2 单元格，求平均分。在“公式”选项卡的“函数库”组中单击“其他函数”按钮或编辑栏中的“插入函数”按钮 fx，如图 8-4(a)所示，打开“插入函数”对话框，在“选择函数”列表框中选择“AVERAGE”，单击“确定”按钮，如图 8-4(b)所示，打开“函数参数”对话框，在 Number1 中输入“F2：I2”，再单击“确定”按钮，再用自动填充的方法求其他学生的平均分。

(8) 选中 K2 单元格，输入公式“＝IF(I2＞270,"优秀"," ")”再单击“确定”按钮，再用自动填充的方法求其他学生的评语。

(9) 选中 L2 单元格，输入公式“＝RANK(I2,＄I2：＄I16)”，再单击“确定”按钮，再用自动填充的方法求其他学生的名次。

(10) 双击 A17，使用粘贴函数的方法求名次。选中 F17 单元格，输入公式“＝AVERAGE(F2：F16)”，再单击“确定”按钮，再用自动填充的方法求其他课程的平均分。

(11) 将光标停留在 A1 单元格上右击，从弹出的快捷菜单中选择“插入”选项，如图 8-5 所示，打开“插入”对话框，选中“整行”单选按钮，则在该处上方插入一行空单元格。在 A1 单元格中输入“某专业学生成绩表”。

(12) 选定单元格区域 A1：L1，在“开始”选项卡的“对齐方式”组中单击“合并后居中”按钮；右击，从弹出的快捷菜单中选择“设置单元格格式”选项，打开“设置单元格格式”对话框，单击“字体”选项卡，“字体”选择“黑体”，“字形”选择“加粗”，“字号”选择“24”，再单击“对齐”选项卡，“水平对齐”选择“居中”，“垂直对齐”选择“居中”，选择“合并单元格”复选框，如图 8-6 所示，单击“确定”按钮。

选定单元格区域 A2：L18，右击，从弹出的快捷菜单中选择“设置单元格格式”选项，打开“设置单元格格式”对话框，如图 8-7 所示，在“边框”选项卡的“样式”列表中选择“粗

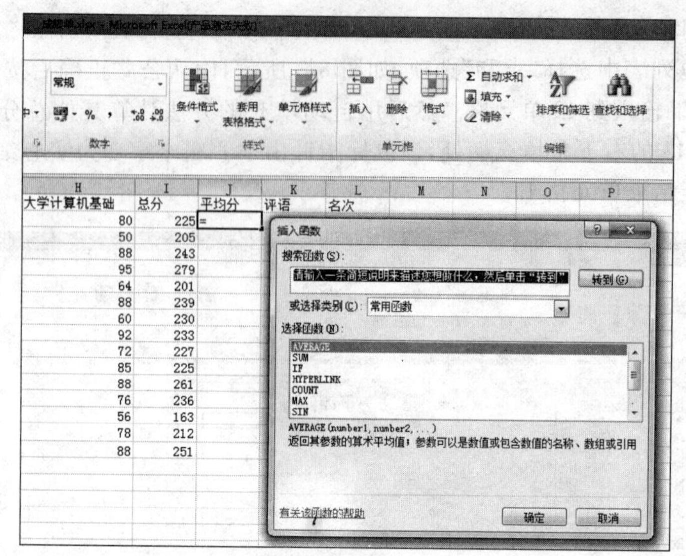

(a)“插入函数”对话框

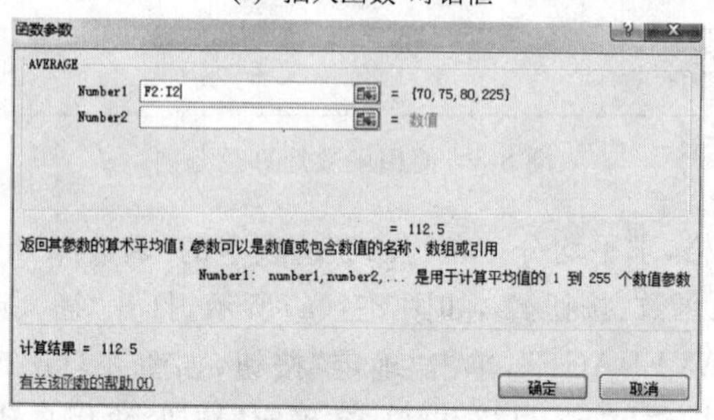

(b)“函数参数”对话框

图 8-4

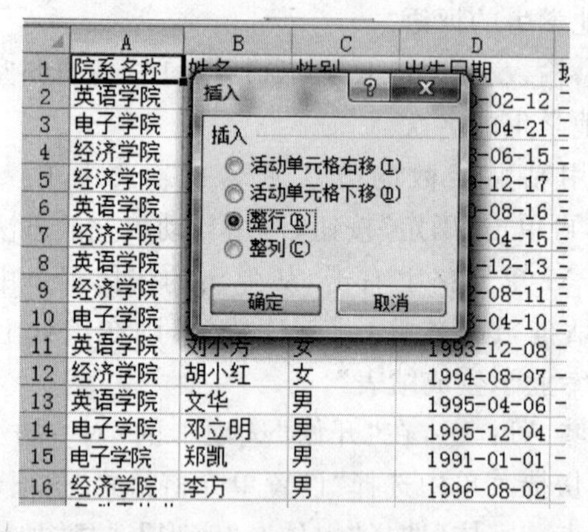

图 8-5 “插入”对话框

线”选项，单击“预置”栏中的“外边框”；接着“样式”选择“细线”，单击“预置”栏中的“内部”，单击“确定”按钮。

选定“姓名”所在行 A2：L2，右击，从弹出的快捷菜单中选择“设置单元格格式”选项，

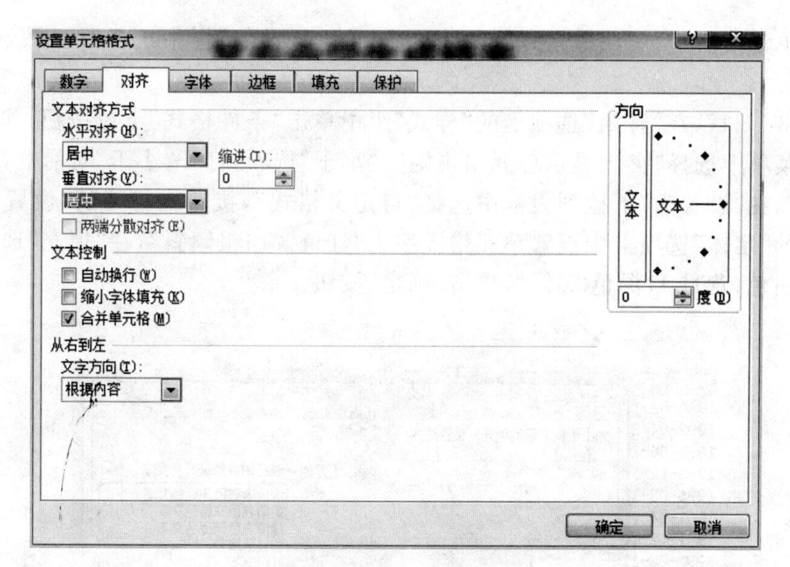

图 8-6 “对齐”方式设置

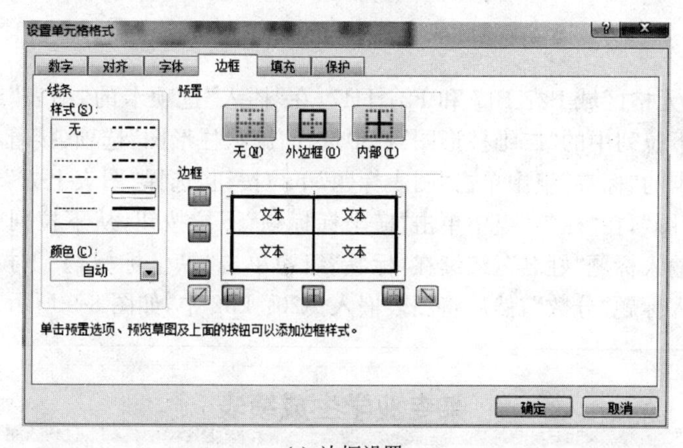

(a) 边框设置

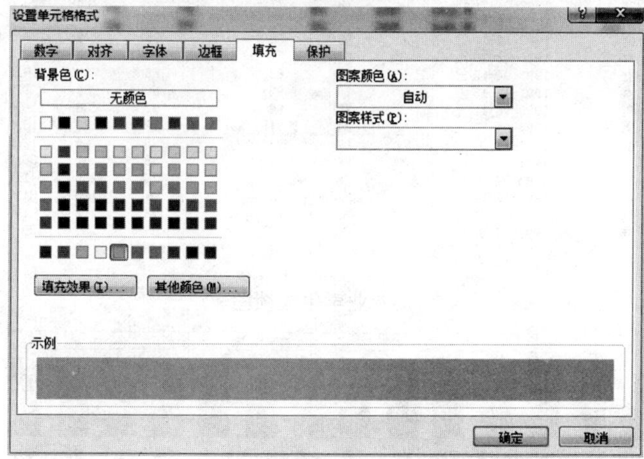

(b) 填充设置

图 8-7 “设置单元格格式”对话框

打开“设置单元格格式”对话框，在“填充”选项卡的“背景色”栏中选择“浅绿”选项，单击“确定”按钮。

选定 F3：H17，在“开始”选项卡的“样式”组中单击“条件格式”下拉按钮，如图 8-8 所示，从下拉菜单中选择“突出显示单元格规则”|“小于”选项，打开“小于”对话框，在文本框中输入“60”，在“设置为”下拉列表框中选择“自定义格式”，接着在打开的“设置单元格格式”对话框的“字体”选项卡中设置单元格文字为“红色”“加粗倾斜”，在“填充”选项卡中设置底纹为“白色，背景 1，深色 25％”，单击“确定”按钮。

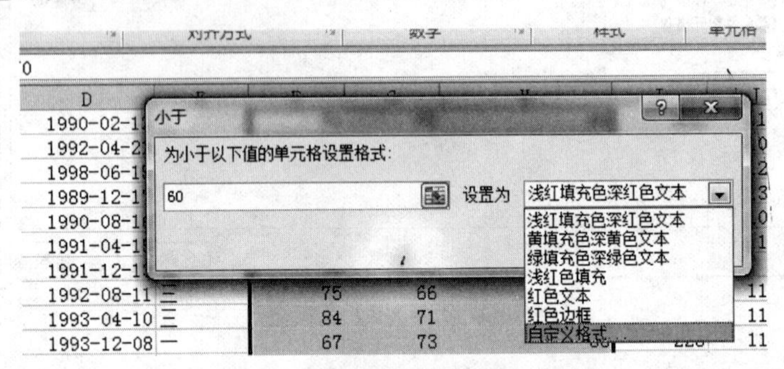

图 8-8 “小于”对话框设置

(13) 选定单元格区域 B2：B17 和 F2：H17，在“插入”选项卡的“图表”组中单击“柱形图”下拉按钮，从下拉列中的“二维柱形图”栏中选择“簇状柱形图”选项，接着在出现的“图表工具|布局”选项卡的“标签”组中单击“图表标题”下拉按钮，选择“图表上方”样式，输入标题“某专业学生成绩图”，在“标签”组中单击“横坐标标题”下拉按钮，从下拉列中选择“坐标轴下方标题”样式，输入标题“姓名”，继续在“标签”组中单击“纵坐标标题”下拉按钮，选择“竖排标题”样式，输入标题“分数”，然后将图表嵌入 A20：L32 中，如图 8-9 所示。

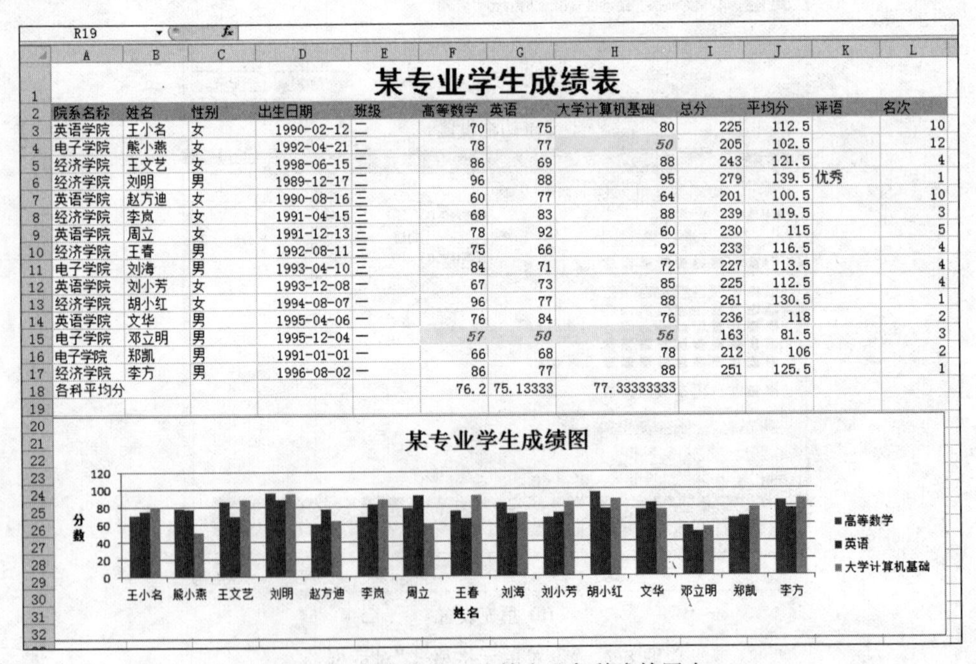

某专业学生成绩表

院系名称	姓名	性别	出生日期	班级	高等数学	英语	大学计算机基础	总分	平均分	评语	名次
英语学院	王小名	女	1990-02-12	二	70	75	80	225	112.5		10
电子学院	熊小燕	女	1992-04-21	二	78	77	50	205	102.5		12
经济学院	王文艺	女	1998-06-15	二	86	69	88	243	121.5		4
经济学院	刘明	男	1989-12-17	二	96	88	95	279	139.5	优秀	1
英语学院	赵方迪	女	1990-08-16	三	60	77	64	201	100.5		10
经济学院	李岚	女	1991-04-15	三	68	83	88	239	119.5		3
英语学院	周立	女	1991-12-13	三	78	92	60	230	115		5
经济学院	王春	男	1992-08-11	三	75	66	92	233	116.5		4
电子学院	刘海	男	1993-04-10	三	84	71	72	227	113.5		4
英语学院	刘小芳	女	1993-12-08	一	67	73	85	225	112.5		4
经济学院	胡小红	女	1994-08-07	一	96	77	88	261	130.5		1
英语学院	文华	男	1995-04-06	一	76	84	76	236	118		2
电子学院	邓立明	男	1995-12-04	一	57	50	56	163	81.5		3
电子学院	郑凯	男	1991-01-01	一	66	68	78	212	106		2
经济学院	李方	男	1996-08-02	一	86	77	88	251	125.5		1
各科平均分					76.2	75.13333	77.33333333				

图 8-9 某专业学生成绩表及各科成绩图表

(14) 在“文件”选项卡中选择“保存”选项，打开“另存为”对话框，将文件保存在 E：\excel1 文件夹中，输入文件名“学生成绩”，单击“保存”按钮。

【思考与练习】

新建一个工作簿文件 e2. xlsx，保存在 E：\excel1 文件夹中。根据下列已知数据建立“抗洪救灾捐献统计表”（存放在 A1：C5 的区域内），如图 8-10 所示，将当前工作表 Sheet1 更名为“救灾统计表”。

	A	B	C	D
1	单位捐款（万元）	实物（件）	折合人民币(万元)	
2	第一部门	1.95	2.45	
3	第二部门	1.2	1.67	
4	第三部门	0.95	1.30	
5	总计			
6				

图 8-10　抗洪救灾捐献统计表

(1) 计算各项捐献的总计，分别填入“总计”行的各相应列中。

(2) 选“单位”和“折合人民币”两列数据（不包含总计），绘制部门捐款的三维饼图，要求有图例并显示各部门捐款总数的百分比，图表标题为“各部门捐款总数百分比图”。图表嵌入在数据表格下方。

实验 9

Excel 2010 数据管理

【实验目的】

(1) 掌握数据排序和筛选的方法。

(2) 掌握数据分类汇总的方法。

(3) 掌握数据透视表的操作方法。

【实验内容】

处理学生成绩表(二)。要求如下:

(1) 打开 E:\excel1 文件夹中的学生成绩.xlsx 文件,将成绩表(不包括标题、平均分、评语、名次,也不包括格式)复制到一个新的工作簿中,保存在 E:\excel2 文件夹中,命名为 e1.xlsx。

(2) 对成绩表按“总分”降序排列,总分相同时按“计算机”成绩降序排列。将文件保存在 E:\excel2 文件夹中,命名为 e2.xlsx。

(3) 筛选学生成绩表中英语成绩在 80～90 分之间的学生成绩。将文件保存在 E:\excel2 文件夹中,命名为 e3.xls。

(4) 求各系学生各门课程的平均成绩。将文件保存在 E:\excel2 文件夹中,命名为 e4.xlsx。

(5) 统计各系男女生的人数。将文件保存在 E:\excel2 文件夹中,命名为 e5.xlsx。

【操作步骤】

(1) 进入资源管理器的 E 盘窗口,在窗口的空白处右击,从弹出的快捷菜单中选择“新建”|“文件夹”选项,输入文件夹名 excel2,按 Enter 键。

(2) 打开 E:\excel1 文件夹,双击打开 e1.xlsx 文件。选定 A2:I17 单元格区域,右击,从弹出的快捷菜单中选择“复制”选项,在“文件”选项卡中选择“新建”选项,在可用模板中选择“空白工作簿”,然后在右边预览窗口下单击“创建”按钮,新建一个工作簿。在 A1 单元格上右击,从弹出的快捷菜单中选择“选择性粘贴”选项,打开如图 9-1 所示的“选择性粘贴”对话框，选中“数值”单选按钮，单击“确定”按钮。在“文件”选项卡中选择“另存为”选项，在弹出的“另存为”对话框中，将文件保存在 E：\excel2 文件夹中，输入文件名“e1”，单击“保存”按钮。关闭该文档。

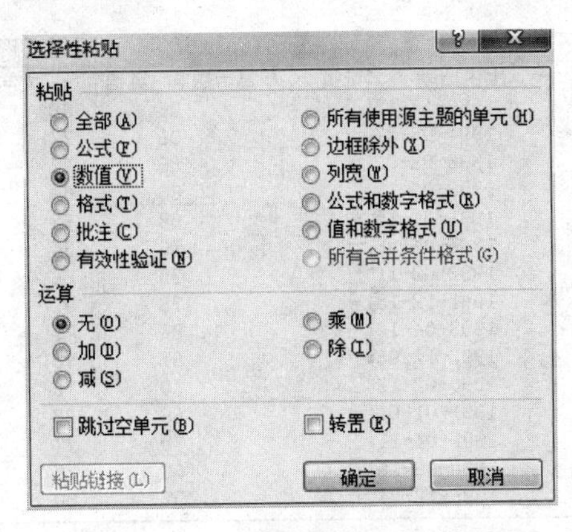

图 9-1 “选择性粘贴”对话框

(3) 打开 E：\excel2 文件夹中的 e1.xlsx 文件，选定成绩表中的任意一个单元格，在“数据”选项卡的“排序和筛选”组中单击“排序”按钮，打开“排序”对话框，如图 9-2 所示。在“主要关键字”下拉列表框中选择“总分”，在“排序依据”下拉列表框中选择“数值”，在“次序”下拉列表框中选择“降序”，单击“添加条件”按钮，在“次要关键字”下拉列表框中选择“大学计算机基础”，选择“排序依据”为“数值”，选择“次序”为“降序”，单击“确定”按钮。排序后结果如图 9-3 所示。在“文件”选项卡中选择“另存为”选项，弹出“另存为”对话框，将文件保存在 E：\excel2 文件夹中，文件名为 e2，单击“保存”按钮。

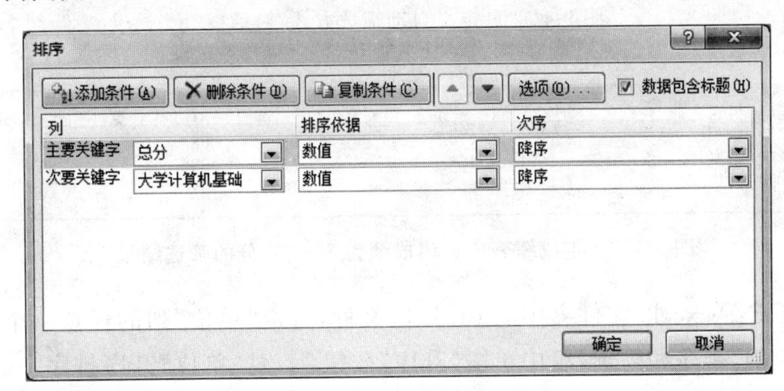

图 9-2 排序条件设置

(4) 打开 E：\excel2 文件夹中的 e1.xlsx 文件，选定成绩表中任意一个单元格，在“数据”选项卡的“排序和筛选”组中单击“筛选”按钮，此时工作表的所有列标题右边出现筛选按钮。单击“英语”列的筛选按钮，在下拉列表中选择“数字筛选”，然后单击其中的“大于或等于…”选项，打开“自定义自动筛选方式”对话框，此时，第 1 个条件选择框中出现“大于或等于”，在右边下拉列表框中输入“80”，单击第 2 个条件选择框下拉按钮，选择“小于或等于”，在右边下拉列表框中输入“90”，设置两个条件为“与”的关系，如图 9-4 所示，单击“确定”按钮完成筛选,筛选结果如图 9-5 所示。在“文件”选项卡中选择“另存为”选项,弹出“另存为”对话框,将文件保存在 E:\excel2 文件夹中,文件名为 e3. xlsx,单击“保存”按钮。

	A	B	C	D	E	F	G	H	I
1	院系名称	姓名	性别	出生日期	班级	高等数学	英语	大学计算机基础	总分
2	经济学院	刘明	男	1989-12-17	二	96	88	95	279
3	经济学院	胡小红	女	1994-08-07	一	96	77	88	261
4	经济学院	李方	男	1996-08-02	一	86	77	88	251
5	经济学院	王文艺	女	1998-06-15	二	86	69	88	243
6	经济学院	李岚	女	1991-04-15	三	68	83	88	239
7	英语学院	文华	男	1995-04-06	一	76	84	76	236
8	经济学院	王春	男	1992-08-11	三	75	66	92	233
9	英语学院	周立	女	1991-12-13	三	78	92	60	230
10	电子学院	刘海	男	1993-04-10	三	84	71	72	227
11	英语学院	刘小芳	女	1993-12-08	一	67	73	85	225
12	英语学院	王小名	女	1990-02-12	二	70	75	80	225
13	电子学院	郑凯	男	1991-01-01	一	66	68	78	212
14	电子学院	熊小燕	女	1992-04-21	二	78	77	50	205
15	英语学院	赵方迪	女	1990-08-16	三	60	77	64	201
16	电子学院	邓立明	男	1995-12-04	一	57	50	56	163

图 9-3　按主要关键字“总分”及次要关键字“大学计算机基础”降序排序结果

图 9-4　“自定义自动筛选方式”对话框

	A	B	C	D	E	F	G	H	I
1	院系名称	姓名	性别	出生日期	班级	高等数学	英语	大学计算机基础	总分
2	经济学院	刘明	男	1989-12-17	二	96	88	95	279
6	经济学院	李岚	女	1991-04-15	三	68	83	88	239
7	英语学院	文华	男	1995-04-06	一	76	84	76	236
17									

图 9-5　学生成绩表中英语成绩为 80～90 分的筛选结果

(5) 打开 E:\excel2 文件夹中的 e1. xlsx 文件,选定“单位”列的任意一个单元格,在“数据”选项卡的“排序和筛选”组中单击“升序”按钮,对“单位”升序排序。选定成绩表中任意一个单元格,在“数据”选项卡的“分级显示”组中单击“分类汇总”按钮,打开“分类汇总”对话框,在分类字段下拉列表中选择“单位”,在“汇总方式”下拉列表框中选择“平均值”,在“选定汇总项”列表框中选择汇总字段为“高等数学”“英语”“大学计算机基础”,再选择“汇总结果显示在数据下方”复选框,如图 9-6 所示,单击“确定”按钮完成分类汇总,分类汇总的结果如图 9-7 所示。在“文件”选项卡中选择“另存为”选项,弹出的“另存为”对话框。将文件保存在 E:\excel2 文件夹中,文件名为 e4,单击“保存”按钮。

(6) 打开 E:\excel2 文件夹中的 e1. xlsx 文件，选定成绩表中任意一个单元格，在“插入”选项卡的“表格”组中单击“数据透视表”下拉按钮，选择“数据透视表”选项，打开“创建数据透视表”对话框，确认选择要分析的数据的范围(所有数据)以及数据透视表的放置位置(一般放在新建表中)，然后单击“确定”按钮。

此时出现“数据透视表字段列表”窗格，把要分类的字段“院系名称”拖入“行标签”位置，“性别”拖入“列标签”位置，使之成为透视表的行、列标题，要汇总的字段“性别”拖入“∑数值”位置，如图 9-8 所示，其结果如图 9-9 所示。在“文件”选项卡中选择“另存为”选项，弹出“另存为”对话框，将文件保存在 E:\excel2 文件夹中，文件名为 e5，单击“保存”按钮。

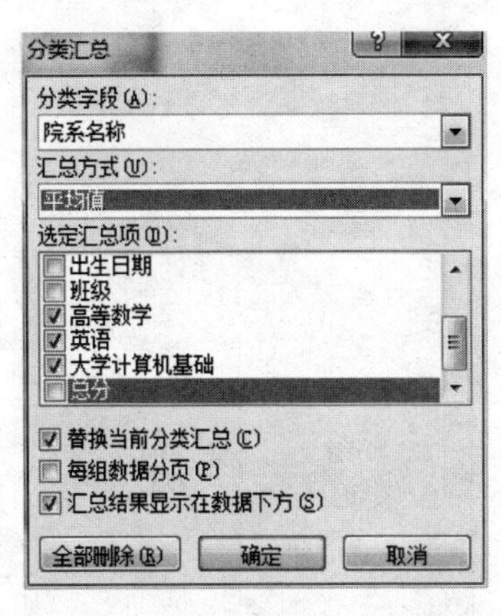

图 9-6 “分类汇总”对话框设置

	A	B	C	D	E	F	G	H	I
1	院系名称	姓名	性别	出生日期	班级	高等数学	英语	大学计算机基础	总分
2	经济学院	刘明	男	1989-12-17	二	96	88	95	279
3	经济学院	胡小红	女	1994-08-07	一	96	77	88	261
4	经济学院	李方	男	1996-08-02	一	86	77	88	251
5	经济学院	王文艺	女	1998-06-15	二	86	69	88	243
6	经济学院	李岚	女	1991-04-15	三	68	83	88	239
7	**经济学院**	**平均值**				86.4	78.8	89.4	
8	英语学院	文华	男	1995-04-06	一	76	84	76	236
9	**英语学院**	**平均值**				76	84	76	
10	经济学院	王春	男	1992-08-11	三	75	66	92	233
11	**经济学院**	**平均值**				75	66	92	
12	英语学院	周立	女	1991-12-13	三	78	92	60	230
13	**英语学院**	**平均值**				78	92	60	
14	电子学院	刘海	男	1993-04-10	三	84	71	72	227
15	**电子学院**	**平均值**				84	71	72	
16	英语学院	刘小芳	女	1993-12-08	一	67	73	85	225
17	英语学院	王小名	女	1990-02-12	二	70	75	80	225
18	**英语学院**	**平均值**				68.5	74	82.5	
19	电子学院	郑凯	男	1991-01-01	一	66	68	78	212
20	电子学院	熊小燕	女	1992-04-21	二	78	77	50	205
21	**电子学院**	**平均值**				72	72.5	64	
22	英语学院	赵方迪	女	1990-08-16	三	60	77	64	201
23	**英语学院**	**平均值**				60	77	64	
24	电子学院	邓立明	男	1995-12-04	一	57	50	56	163
25	**电子学院**	**平均值**				57	50	56	
26	**总计平均值**					76.2	75.13333	77.33333333	
27									

图 9-7 各系学生各门课程的平均成绩

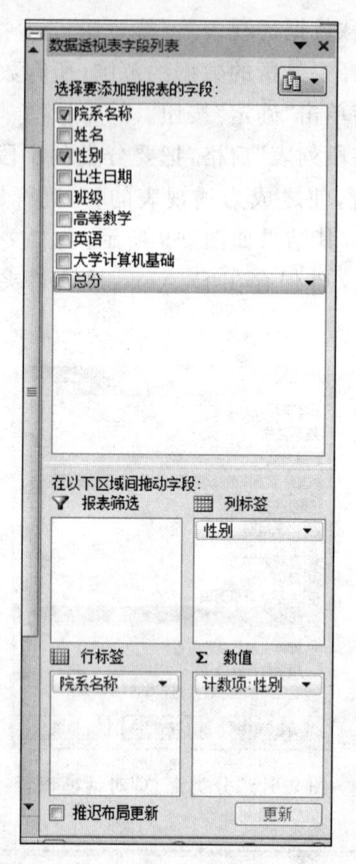

图 9-8 “数据透视表和数据透视图向导—版式”对话框设置

计数项:性别	列标签			
行标签	男	男	女	总计
电子学院	1	2	1	4
经济学院		3	3	6
英语学院		1	4	5
总计	1	6	8	15

图 9-9 统计各系男女生的人数

【思考与练习】

工作表“数据库技术成绩单”内数据清单的内容,如图 9-10 所示。按主要关键字“系别”的降序次序和次要关键字“学号”的升序次序进行排序(将任何类似数字的内容排序),对排序后的数据进行自动筛选,条件为考试成绩大于或等于 80 并且实验成绩大于 17。

	A	B	C	D	E	F
1	系别	学号	姓名	考试成绩	实验成绩	总成绩
2	信息	991021	李新	77	16	77.6
3	计算机	992032	王文辉	87	17	86.6
4	自动控制	993023	张磊	75	19	79
5	经济	995034	郝心怡	86	17	85.8
6	信息	991076	王力	91	15	87.8
7	数学	994056	孙英	77	14	75.6
8	自动控制	993021	张在旭	60	14	62
9	计算机	992089	金翔	73	18	76.4
10	计算机	992005	扬海东	90	19	91
11	自动控制	993082	黄立	85	20	88
12	信息	991062	王春晓	78	17	79.4
13	经济	995022	陈松	69	12	67.2
14	数学	994034	姚林	89	15	86.2
15	信息	991025	张雨涵	62	17	66.6
16	自动控制	993026	钱民	66	16	68.8
17	数学	994086	高晓东	78	15	77.4
18	经济	995014	张平	80	18	82
19	自动控制	993053	李英	93	19	93.4
20	数学	994027	黄红	68	20	74.4

图 9-10 数据库技术成绩单

实验 10

Excel 综合练习

【实验目的】

(1) 熟练掌握工作表中数据的输入。

(2) 熟练掌握在工作表中应用公式和函数的方法。

(3) 掌握数据排序和筛选的方法。

剪贴板　字体

K12　fx

	A	B	C	D	E
1	某竞赛获奖情况表				
2	单位	一等奖	二等奖	三等奖	合计
3	A	14	48	39	
4	B	18	26	24	
5	C	22	36	48	
6	D	26	25	26	
7	E	24	18	22	
8	F	21	25	28	
9					
10					

图 10-1　某竞赛获奖情况表

【实验任务】

(1) 新建工作簿,工作簿命名"任务一. xlsx",在 Sheet1 工作表的 A1: E8 区域中,手动输入某竞赛获奖情况表,如图 10-1 所示。

(2) 将 Sheet1 工作表的 A1: E1 单元格合并为一个单元格,水平对齐方式设置为居中;用函数计算各单位 3 种奖项的合计,将工作表命名为"各单位获奖情况表"。

(3) 选取"各单位获奖情况表"的 A2: D8 单元格区域的内容建立"簇状柱形图",X 轴为单位名,图表标题为"获奖情况图",不显示图例,数据标签显示值,将图插入到工作表的 A10: E25 单元格区域内。

综合任务Ⅲ

Excel 2010 的常用操作

1. 基本操作

(1) 合并单元格。

① 一次选定要合并的所有单元格。

② 在“开始”选项卡的“对齐方式”组中单击“合并后居中”按钮。

(2) 工作表更名。

① 右击 Excel 窗口左下侧的工作表标签。

② 从弹出的右键快捷菜单中选择“重命名”选项。

③ 此时 Sheet1 标签变成黑底白字状态。

④ 输入新名称。

2. 格式设置

(1) 数字格式。设置数字格式可以统一为数字更换显示格式。

① 首先选定要设置格式的单元格。

② 右击,从弹出的快捷菜单中选择“设置单元格格式”选项。

③ 在弹出的“设置单元格格式”对话框中选择“数字”选项卡,一一设置小数位数、百分比、货币符号等。

(2) 对齐方式。设置对齐方式最简单的方法是选定单元格,在“开始”选项卡的“对齐方式”组中单击相应的对齐方式按钮。也可以在“设置单元格格式”对话框中的“对齐”选项卡中进行设置。

(3) 字符格式。设置字体、字号、字形、文字颜色的方法和 Word 相同,可通过“开始”选项卡“字体”组中的按钮快速设置,或通过“设置单元格格式”对话框中的“字体”选项卡来详细设置。

(4) 边框设置。设置框线和设置字体、字号等操作一样,简单的操作是选定单元格后,在“开始”选项卡的“字体”组中单击“下框线”下拉按钮,在下拉菜单中选择相应的框线,但复杂一些的框线设置就必须在对话框中设置了。

① 选定要设置的内容,右击,从弹出的快捷菜单中选择“设置单元格格式”选项。

② 打开“设置单元格格式”对话框,在“边框”选项卡中设置外边框的框线,在“线条”

和“颜色”列表框中选择相应的选项。

③ 单击“外边框”按钮，在“预览区”中已经显示出外框线的效果。

④ 设置内框的框线，在“线条”“颜色”中选择相应的选项。

⑤ 单击“内部”按钮，可以看到“预览区”中已经显示出内框线的效果。

(5) 底纹设置。单元格底纹可以通过“开始”选项卡“字体”组中的“填充颜色”按钮简单设置；也可以通过“设置单元格格式”对话框中的“填充”选项卡来详细设置。可以在“背景色”选择框中选择合适的颜色，还可以在“图案样式”下拉列表框中选择一些纹路图案来填充单元格，纹路图案的颜色在“图案颜色”下拉列表框中设置。

3. 图表

(1) 选定要建立图表的内容后，在“插入”选项卡的“图表”组中单击对应图表类型的下拉按钮，在下拉列表中选择具体的类型即可。

(2) 将插入到工作表中的图表调整位置放好。

在创建图表之后，还可以对图表进行修改编辑，包括更改图表类型，选择图表布局和图表样式等。这通过“图表工具”选项卡中的相应功能来实现。该选项卡在选定图表后便会自动出现“图表工具|设计”“图表工具|布局”和“图表工具|格式”选项卡。

4. 高级数据处理

(1) 排序。

① 选定要排序的单元格，在“数据”选项卡的“排序和筛选”组中单击“排序”按钮。

② 在弹出的“排序”对话框中，设置排序的“主要关键字”“排序依据”“次序”，如果有多个关键字，单击“添加条件”按钮，设置“次要关键字”“排序依据”“次序”，最多可以设置3个排序关键字。也可以通过右键快捷菜单中的“排序”选项进行操作。

(2) 筛选。

① 将光标置于表中，或选定全表。

② 在“数据”选项卡的“排序和筛选”组中单击“筛选”按钮。

③ 此时，第一行每个单元格右侧出现一个筛选按钮，单击此按钮，出现下拉菜单，在菜单中选择符合的条件，若没有，则选择“文本筛选”或“数字筛选”中的“自定义筛选”选项。

④ 在弹出的“自定义自动筛选方式”中设置筛选条件，单击“确定”按钮；如果要取消自动筛选功能，再次单击“筛选”按钮；如果要使数据恢复显示，单击“排序和筛选”组中的“清除”按钮。

(3) 分类汇总。

① 将光标置于表中，或选定全表。

② 对分类字段进行排序。

③ 在“数据”选项卡的“分级显示”组中单击“分类汇总”按钮。

④ 在弹出的“分类汇总”对话框中设置“分类字段”“汇总方式”“选定汇总项”，单击“确定”按钮。

5. 上机练习

【上机练习 1】 完成如图Ⅲ-1 所示的样表。

	A	B	C	D	E
1	某书店图书销售情况表				
2	图书名称	数量	单价	销售额	销售额排名
3	计算机导论	2090	21.5		
4	程序设计基础	1978	26.3		
5	数据结构	876	25.8		
6	多媒体技术	657	19.2		
7	操作系统原理	790	30.3		

图Ⅲ-1 上机练习 1 样表

要求如下：

(1) 将 A1：E1 单元格合并为一个单元格，内容水平居中。

(2) 计算"销售额"，按销售额的递减顺序给出"销售额排名"列内容(利用 RANK 函数)。

(3) 利用条件格式将 D3：D7 单元格区域内数值小于 40000 的字体颜色设置为红色。

(4) 将 A2：E7 区域格式设置为自动套用格式"序列 3"。

(5) 选取"图书名称"列和"销售额"列内容建立"柱形圆锥图"(系列产生在"列")，图标题为"销售统计图"，图例置底部；将图插入到表的 A9：E21 单元格区域内，将工作表命名为"销售统计表"。

(6) 保存为 excel. xlsx 文件。

最终效果如图Ⅲ-2 所示。

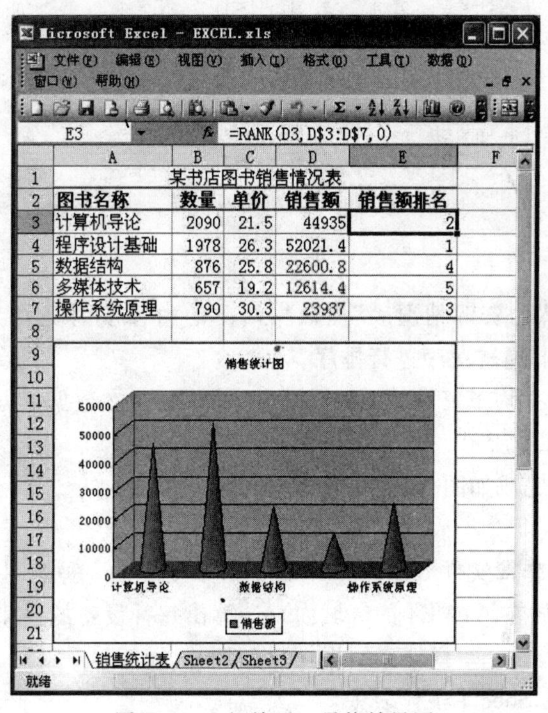

	A	B	C	D	E
1	某书店图书销售情况表				
2	图书名称	数量	单价	销售额	销售额排名
3	计算机导论	2090	21.5	44935	2
4	程序设计基础	1978	26.3	52021.4	1
5	数据结构	876	25.8	22600.8	4
6	多媒体技术	657	19.2	12614.4	5
7	操作系统原理	790	30.3	23937	3

图Ⅲ-2 上机练习 1 最终效果图

【上机练习 2】 完成如图Ⅲ-3 所示的样表。

	B	C	D	E	F	G	H
1	某IT公司某年人力资源情况表						
2	部门	组别	年龄	性别	学历	职称	工资
3	工程部	E1	28	男	硕士	工程师	4000
4	开发部	D1	26	女	硕士	工程师	3500
5	培训部	T1	35	女	本科	高工	4500
6	销售部	S1	32	男	硕士	工程师	3500
7	培训部	T2	33	男	本科	工程师	3500
8	工程部	E1	23	男	本科	助工	2500
9	工程部	E2	26	男	本科	工程师	3500
10	开发部	D2	31	男	博士	工程师	4500
11	销售部	S2	37	女	本科	高工	5500
12	开发部	D3	36	男	硕士	工程师	3500
13	工程部	E3	41	男	本科	高工	5000
14	工程部	E2	35	女	硕士	高工	5000
15	工程部	E3	33	男	本科	工程师	3500
16	销售部	S1	37	男	本科	工程师	3500
17	开发部	D1	22	男	本科	助工	2500
18	工程部	E2	37	女	硕士	高工	5000
19	工程部	E1	29	男	本科	工程师	3500
20	开发部	D2	28	男	博士	工程师	4000
21	培训部	T1	42	女	本科	工程师	4000
22	销售部	S1	37	男	本科	高工	5000
23	工程部	E3	34	男	博士	高工	5500
24	开发部	D1	23	男	本科	助工	2500
25	开发部	D3	31	女	本科	工程师	3500
26	培训部	T2	32	男	硕士	工程师	3500
27	销售部	S2	29	男	本科	工程师	3500
28	工程部	E2	25	男	本科	工程师	3500
29	销售部	S2	28	女	本科	工程师	3500
30	开发部	D2	29	男	硕士	工程师	3500
31	培训部	T1	28	男	硕士	工程师	3500
32	开发部	D1	42	男	本科	高工	4500
33	销售部	S1	37	女	本科	工程师	4000
34	开发部	D3	34	男	博士	高工	5500
35	开发部	D1	31	男	本科	工程师	3500
36	工程部	E2	31	男	本科	工程师	3500
37	工程部	E3	32	男	硕士	工程师	4000
38	工程部	E1	29	男	本科	工程师	3500
39	开发部	D1	25	女	本科	工程师	3500
40	开发部	D2	28	男	硕士	工程师	3500
41	开发部	D3	39	男	本科	工程师	4000
42	开发部	D2	33	男	博士	高工	5500

图Ⅲ-3 上机练习 2 样表

要求如下：

(1) 对工作表"人力资源情况表"内数据清单的内容按主要关键字"部门"的递减次序、次要关键字"组别"递增次序进行排序。

(2) 完成对各组平均工资的分类汇总，汇总结果显示在数据下方。

最终效果如图Ⅲ-4 所示。

【上机练习 3】 完成如图Ⅲ-5 所示的样表。

要求如下：

(1) 建立一个工作簿文件 excel.xlsx，将某厂家生产的 3 种照明设备的寿命情况数据建成一个数据表(存放在 A1：E4 的区域内)，计算出每种设备的损坏率，其计算公式是

损坏率＝损坏数/照明时间(天)

其数据表保存在 Sheet1 工作表中。

(2) 对建立的数据表选择"照明设备""功率(瓦)""损坏率"三列数据建立"三维气泡

	A	B	C	D	E	F	G	H
1	某IT公司某年人力资源情况表							
2	编号	部门	组别	年龄	性别	学历	职称	工资
3	C004	销售部	S1	32	男	硕士	工程师	3500
4	C014	销售部	S1	37	男	本科	工程师	3500
5	C020	销售部	S1	37	男	本科	高工	5000
6	C031	销售部	S1	37	女	本科	工程师	4000
7			**S1 平均值**					4000
8	C009	销售部	S2	37	女	本科	高工	5500
9	C025	销售部	S2	29	男	本科	工程师	3500
10	C027	销售部	S2	28	女	本科	工程师	3500
11			**S2 平均值**					4166.667
12	C003	培训部	T1	35	女	本科	高工	4500
13	C019	培训部	T1	42	女	本科	工程师	4000
14	C029	培训部	T1	28	男	硕士	工程师	3500
15			**T1 平均值**					4000
16	C005	培训部	T2	33	男	本科	工程师	3500
17	C024	培训部	T2	32	男	硕士	工程师	3500
18			**T2 平均值**					3500
19	C002	开发部	D1	26	女	硕士	工程师	3500
20	C015	开发部	D1	22	男	本科	助工	2500
21	C022	开发部	D1	23	男	本科	助工	2500
22	C030	开发部	D1	42	男	本科	高工	4500
23	C033	开发部	D1	31	男	本科	工程师	3500
24	C037	开发部	D1	25	女	本科	工程师	3500
25			**D1 平均值**					3333.333
26	C008	开发部	D2	31	男	博士	工程师	4500
27	C018	开发部	D2	28	男	博士	工程师	4000
28	C028	开发部	D2	29	男	硕士	工程师	3500
29	C038	开发部	D2	28	男	硕士	工程师	3500
30	C040	开发部	D2	33	男	博士	高工	5500
31			**D2 平均值**					4200
32	C010	开发部	D3	36	男	硕士	工程师	3500
33	C023	开发部	D3	31	女	本科	工程师	3500
34	C032	开发部	D3	34	男	博士	高工	5500
35	C039	开发部	D3	39	男	本科	工程师	4000
36			**D3 平均值**					4125
37	C001	工程部	E1	28	男	硕士	工程师	4000
38	C006	工程部	E1	23	男	本科	助工	2500
39	C017	工程部	E1	29	男	本科	工程师	3500
40	C036	工程部	E1	29	男	本科	工程师	3500
41			**E1 平均值**					3375
42	C007	工程部	E2	26	男	本科	工程师	3500
43	C012	工程部	E2	35	女	硕士	高工	5000
44	C016	工程部	E2	37	女	硕士	高工	5000
45	C026	工程部	E2	25	男	本科	工程师	3500
46	C034	工程部	E2	31	男	本科	工程师	3500
47			**E2 平均值**					4100
48	C011	工程部	E3	41	男	本科	高工	5000
49	C013	工程部	E3	33	男	本科	工程师	3500
50	C021	工程部	E3	34	男	博士	高工	5500
51	C035	工程部	E3	32	男	硕士	工程师	4000
52			**E3 平均值**					4500
53			**总计平均值**					3925

图Ⅲ-4　上机练习 2 最终效果图

	A	B	C	D	E
1	照明设备	功率（瓦）	照明时间（天）	损坏数	损坏率
2	A	25	100	67	
3	B	40	100	67	
4	C	100	100	43	

图Ⅲ-5　上机练习 3 样表

图”，图表标题为“照明设备寿命图”，并将其嵌入到工作表的 A6：G16 区域中。

（3）将工作表 Sheet1 更名为“照明设备寿命表”。

最终效果如图Ⅲ-6 所示。

【上机练习 4】　完成如图Ⅲ-7 所示的样表。

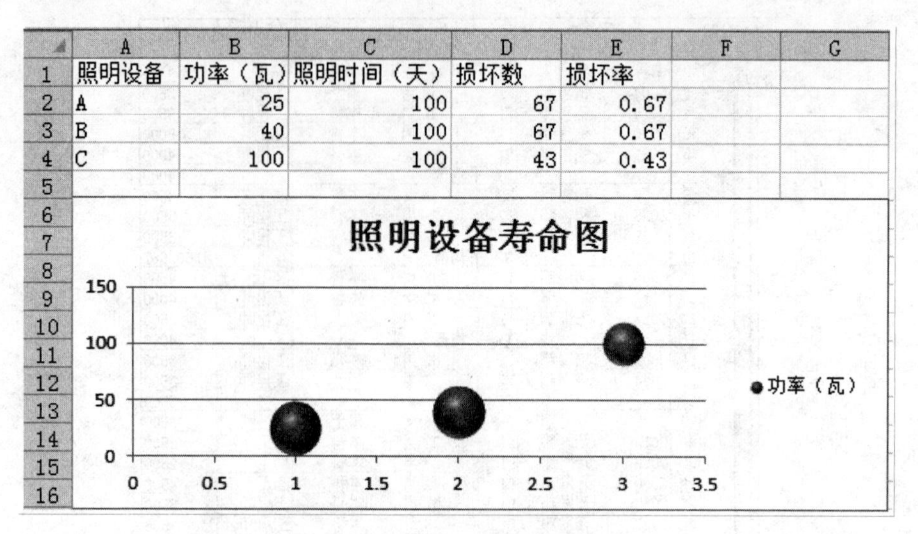

	A	B	C	D	E	F	G
1	照明设备	功率（瓦）	照明时间（天）	损坏数	损坏率		
2	A	25	100	67	0.67		
3	B	40	100	67	0.67		
4	C	100	100	43	0.43		

图Ⅲ-6　上机练习 3 最终效果图

	A	B	C	D	E	F
1	某图书销售集团销售情况表					
2	经销部门	图书名称	季度	数量	单价	销售额（元）
3	第3分店	计算机导论	3	111	￥32.80	￥3,640.80
4	第3分店	计算机导论	2	119	￥32.80	￥3,903.20
5	第1分店	程序设计基础	2	123	￥26.90	￥3,308.70
6	第2分店	计算机应用基础	2	145	￥23.50	￥3,407.50
7	第2分店	计算机应用基础	1	167	￥23.50	￥3,924.50
8	第3分店	程序设计基础	4	168	￥26.90	￥4,519.20
9	第1分店	程序设计基础	4	178	￥26.90	￥4,788.20
10	第3分店	计算机应用基础	4	180	￥23.50	￥4,230.00
11	第2分店	计算机应用基础	4	189	￥23.50	￥4,441.50
12	第2分店	程序设计基础	1	190	￥26.90	￥5,111.00
13	第2分店	程序设计基础	4	196	￥26.90	￥5,272.40
14	第2分店	程序设计基础	3	205	￥26.90	￥5,514.50
15	第2分店	计算机应用基础	1	206	￥23.50	￥4,841.00
16	第2分店	程序设计基础	2	211	￥26.90	￥5,675.90
17	第3分店	程序设计基础	3	218	￥26.90	￥5,864.20
18	第2分店	计算机导论	1	221	￥32.80	￥7,248.80
19	第3分店	计算机导论	4	230	￥32.80	￥7,544.00
20	第1分店	程序设计基础	3	232	￥26.90	￥6,240.80
21	第1分店	计算机应用基础	3	234	￥23.50	￥5,499.00
22	第1分店	计算机导论	4	236	￥32.80	￥7,740.08
23	第3分店	程序设计基础	2	242	￥26.90	￥6,509.80
24	第3分店	计算机应用基础	3	278	￥23.50	￥6,533.00
25	第1分店	计算机应用基础	4	278	￥23.50	￥6,533.00
26	第2分店	计算机导论	3	281	￥32.80	￥9,216.80
27	第3分店	程序设计基础	1	301	￥26.90	￥8,096.90
28	第3分店	计算机导论	1	306	￥32.80	￥10,036.80
29	第3分店	计算机应用基础	2	309	￥23.50	￥7,261.50
30	第2分店	计算机导论	2	312	￥32.80	￥10,233.60
31	第1分店	计算机应用基础	1	345	￥23.50	￥8,107.50
32	第1分店	计算机导论	3	345	￥32.80	￥11,316.00
33	第1分店	计算机应用基础	2	412	￥23.50	￥9,682.00
34	第2分店	计算机导论	4	412	￥32.80	￥13,513.60
35	第2分店	计算机应用基础	3	451	￥23.50	￥10,598.50
36	第1分店	计算机导论	1	569	￥32.80	￥18,663.20
37	第1分店	计算机导论	2	645	￥32.80	￥21,156.00
38	第1分店	程序设计基础	1	765	￥26.90	￥20,578.50

图Ⅲ-7　上机练习 4 样表

要求如下：对工作表“图书销售情况表”内数据清单的内容进行自动筛选，条件为“各分店第 1 季度和第 2 季度、计算机导论和计算机应用基础的销售情况”，工作表名不变，保存为 exc. xlsx 文件。

最终效果如图Ⅲ-8 所示。

	A	B	C	D	E	F
1	某图书销售集团销售情况表					
2	经销部门	图书名称	季度	数量	单价	销售额（元）
4	第3分店	计算机导论	2	119	￥32.80	￥3,903.20
6	第2分店	计算机应用基础	2	145	￥23.50	￥3,407.50
7	第2分店	计算机应用基础	1	167	￥23.50	￥3,924.50
15	第2分店	计算机应用基础	1	206	￥23.50	￥4,841.00
18	第2分店	计算机导论	1	221	￥32.80	￥7,248.80
28	第3分店	计算机导论	1	306	￥32.80	￥10,036.80
29	第3分店	计算机应用基础	2	309	￥23.50	￥7,261.50
30	第2分店	计算机导论	2	312	￥32.80	￥10,233.60
31	第1分店	计算机应用基础	1	345	￥23.50	￥8,107.50
33	第1分店	计算机应用基础	2	412	￥23.50	￥9,682.00
36	第1分店	计算机导论	1	569	￥32.80	￥18,663.20
37	第1分店	计算机导论	2	645	￥32.80	￥21,156.00

Sheet1 Sheet2 Sheet3

“筛选”模式 数字

图Ⅲ-8　上机练习 4 最终效果图

第四部分

演示文稿PowerPoint 2010

实验 11

PowerPoint 2010 演示文稿制作

【实验目的】

（1）熟练掌握建立演示文稿的方法。
（2）熟练掌握幻灯片的编辑操作。
（3）掌握美化演示文稿的方法。
（4）掌握幻灯片的动画设置方法。
（5）掌握放映演示文稿的方法。

【实验内容】

制作锦江学院校庆贺卡。其效果如图 11-1 所示。

图 11-1 “贺卡”演示文稿

要求如下：

（1）演示文稿中要有超级链接、动画效果、动作按钮。

（2）在演示文稿中插入背景音乐，并设置背景音乐的播放方式。要求为幻灯片启动时首先播放音乐，一直到幻灯片结束放映，播放时不显示声音图标。

（3）设置放映方式为“演讲者放映”及“循环放映，按 Esc 键终止”，放映观看演示文稿的播放效果。

（4）演示文稿保存在 E：\powerpoint 文件夹中，文件名为 p1. pptx。

【操作步骤】

进入资源管理器的 E 盘窗口，在窗口的空白处右击，从弹出的快捷菜单中选择“新建”|“文件夹”选项，输入文件夹名“powerpoint”，按 Enter 键。

（1）创建“锦江学院校庆贺卡”幻灯片，如图 11-2 所示。

① 新建幻灯片。启动 PowerPoint 2010，新建空演示文稿，“新幻灯片”的自动版式为“标题幻灯片”。

② 插入图片。在插入图片之前，为了避免覆盖，先对准标题和副标题的标题框，右击，从弹出的快捷菜单中选择“至于顶层”选项。在“插入”选项卡的“插图”组中单击“图片”按钮，打开“插入图片”对话框，插入“锦江校园美景”和 Happy Birthday 两张图片，适当调整大小和位置。

图 11-2 “锦江学院校庆贺卡”幻灯片的创建

③ 输入文本。在幻灯片的标题区中输入文本“祝母校生日快乐！”，在“开始”选项卡的“字体”组中设置字体为“华文行楷”，字号为“48(磅)”，在副标题区中输入“小明敬上”，并适当地调整标题占位符和副标题占位符的大小和位置。

④ 将幻灯片背景填充色设置为渐变色。在“设计”选项卡的“背景”组中单击“背景样式”下拉按钮，从下拉列表中选择“设置背景格式”选项，打开“设置背景格式”对话框，在“填充”选项卡中选中“渐变填充”单选按钮，单击“颜色”下拉按钮，在下拉列表“主题颜色”区选择“蓝色，强调文字颜色 2，淡色 60%”，如图 11-3 所示，单击“关闭”按钮。

⑤ 幻灯片切换效果设置为“棋盘”。在“切换”选项卡的“切换到此幻灯片”组的幻灯

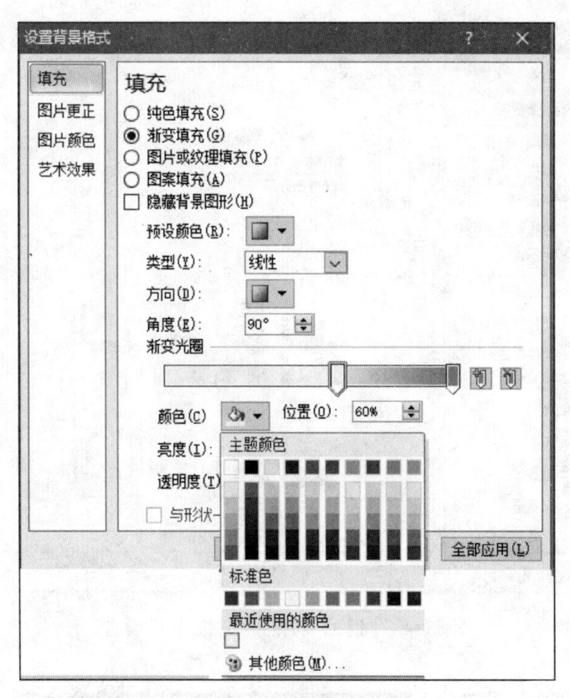

图 11-3 设置背景格式

片切换库中的“华丽型”区单击“棋盘”按钮。

⑥ 添加“返回”按钮，单击它可以回到第 1 张幻灯片。在“插入”选项卡的“插图”组中单击“形状”下拉按钮，在下拉列表中“动作按钮”区单击“自定义”动作按钮，将它画在幻灯片右下角合适位置，在出现的“动作设置”对话框“单击鼠标”选项卡中选中“超链接到”单选按钮，在下拉列表框中选择“第一张幻灯片”，单击“确定”按钮。在动作按钮上右击，从弹出的快捷菜单中选择“设置形状格式”选项，打开“设置形状格式”对话框，在“填充”选项卡的“填充”栏中选中“渐变填充”单选按钮，单击“预设颜色”下拉按钮，在下拉列表中选择“茵茵绿原”选项，单击“类型”下拉按钮，在下拉列表中选择“矩形”选项，单击“方向”按钮，在下拉列表中选择“中心辐射”选项；单击“三维格式”选项卡，在“棱台”栏单击“顶端”下拉按钮，在下拉列表中“棱台”区选择“艺术装饰”按钮，如图 11-4 所示，单击“关闭”按钮；在动作按钮上右击，从弹出的快捷菜单中选择“编辑文字”选项，输入文字“返回”，并选定文字，将字体颜色设置为黑色。

(2) 创建“魅力锦江”幻灯片，如图 11-5 所示。

① 插入新幻灯片。在“开始”选项卡的“幻灯片”组中单击“新建幻灯片”下拉按钮，在展开的幻灯片版式库中选择“标题和内容”版式，插入一张新幻灯片。

② 插入图片和输入文字。在“插入”选项卡的“插图”组中单击“图片”选项，打开“插入图片”对话框，插入“锦江风景图”图片和学校 LOGO(可以是其他相关图片)，适当调整大小和位置。依照图 11-5 输入需要的文字。

③ 幻灯片格式化。在“设计”选项卡中单击“背景”组右下角的对话框启动器按钮，打开“设置背景格式”对话框，在“填充”选项卡的“填充”栏中选中“图片或纹理填充”单选

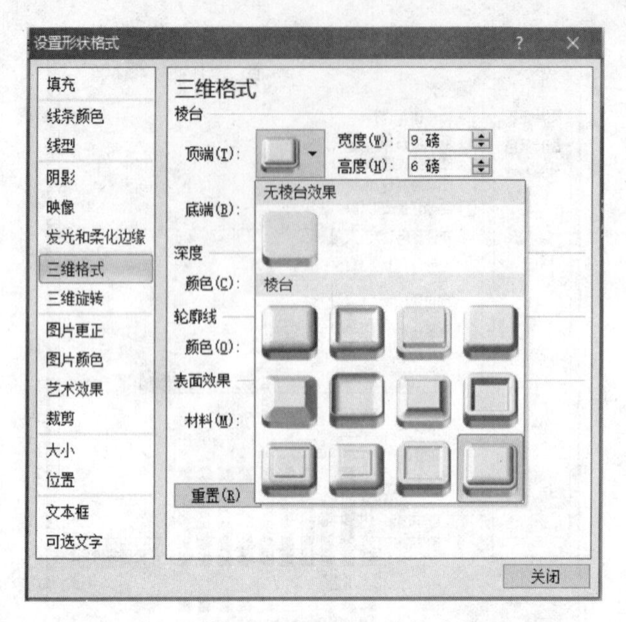

图 11-4 “返回”按钮的三维格式设置

图 11-5 “魅力锦江”幻灯片的创建

按钮，单击“纹理”下拉按钮，在下拉列表中选择“绿色大理石”选项，单击“关闭”按钮。删除项目符号，利用“开始”选项卡“字体”组中的相应按钮将幻灯片上所有文本的颜色改为“白色”，将文本“这里是我们梦想的舞台”和“我们的未来在此展开”的字体设置为：“楷体”“32(磅)”，将文本“感谢锦江，感恩锦江”的字体设置为“华文隶书”“46(磅)”，将标题文本“魅力锦江”的字体设置为“华文行楷”“斜体”“48(磅)”，并适当调整大小和位置。

④ 设置动画效果。选中“学校 LOGO”，在“动画”选项卡的“动画”组中单击“动画库”下拉按钮，从下拉列表中选择“进入”区选择“飞入”选项，再在“动画”组中单击“效果选项”按钮，从下拉菜单中选择“自右侧”选项。选中“感谢锦江，感恩锦江”，在“动画”选项卡的“动画”组中单击“动画库”下拉按钮，从下拉列表中选择“更改进入效果”选项，打开“更改

进入效果"对话框，在"温和型"区选择"回旋"，如图 11-6 所示，单击"确定"按钮。再在"切换"选项卡的"计时"组中单击"开始"下拉按钮，在下拉列表框中选择"上一动画之后"选项，在"延迟"数值框中选择或输入"01.00"，表示启动动画的时间是在上一个动画播放完毕 1 秒后。在"切换"选项卡的"切换到此幻灯片"组中单击幻灯片切换库中"华丽型"区的"涡流"按钮。

⑤ 添加"返回"动作按钮，制作方法与"锦江学院校庆贺卡"幻灯片相同。

(3) 创建"校园往事"幻灯片，如图 11-7 所示。

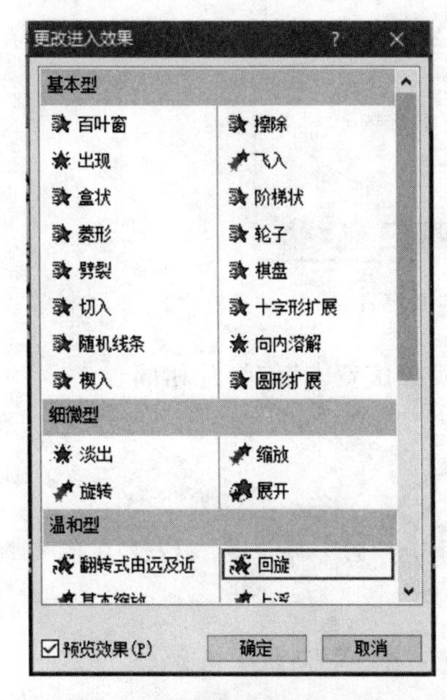

图 11-6　设置"回旋"动画效果

图 11-7　"校园往事"幻灯片的创建

① 插入新幻灯片。在"开始"选项卡的"幻灯片"组中单击"新建幻灯片"下拉按钮，在展开的幻灯片版式库中选择"标题幻灯片"版式，插入一张新幻灯片。

② 插入图片和输入文字。在"插入"选项卡的"插图"组中单击"图片"按钮，打开"插入图片"对话框，插入"绿叶"图片(可以是其他相关图片)，适当调整大小和位置。依照图 11-7 输入需要的文字。插入"上花边"图片(可以是其他相关图片)，适当调整大小和位置。右击"绿叶"图片，从弹出的快捷菜单中选择"置于底层|置于底层"选项，使图片位于文字下方。依照图 11-7 输入需要的文字。

③ 幻灯片格式化。利用"开始"选项卡"字体"组和"段落"组中的相应按钮将标题文本"我们也将在此留下回忆"的字体设置为"44(磅)""斜体"，对齐方式为"居中对齐"，将标题文本"校园往事"的字体设置为"华文楷体""44(磅)""加粗""斜体""蓝色"，对齐方式为"分散对齐"。并适当调整大小和位置。

④ 设置动画效果。选中"绿叶"图片，用前面介绍的方法设置动画进入效果为"形状"，选中文本"我们也将在此留下回忆"，设置动画进入效果为"缩放"，并设置动画文本为"按字母"，声音效果为"打字机"，这可以通过在"动画"选项卡中单击"动画"组右下角的对话框启动器按钮，打开"缩放"对话框进行设置，在"效果"标签"增强"栏"声音"下拉列

表框中选择“打字机”选项，“动画文本”下拉列表框中选择“按字母”选项，如图 11-8 所示。单击“切换”选项卡，在“切换到此幻灯片”组中的幻灯片切换库中单击“华丽型”区的“框”按钮。

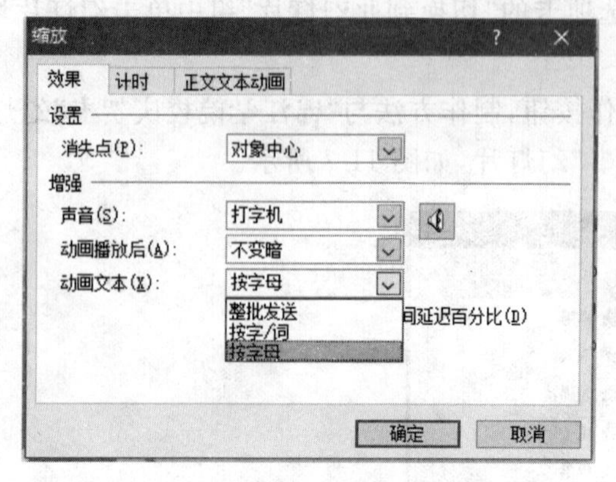

图 11-8　设置动画文本及声音

⑤ 添加“返回”动作按钮，制作方法与“锦江学院校庆贺卡”幻灯片相同。

（4）创建“贺卡”幻灯片，如图 11-9 所示。

图 11-9　“贺卡”幻灯片的创建

① 插入新幻灯片。在“开始”选项卡的“幻灯片”组中单击“新建幻灯片”下拉按钮，在展开的幻灯片版式库中选择“标题和内容”版式，插入一张新幻灯片。

② 插入图片和输入文字。在“插入”选项卡的“插图”组中单击“图片”按钮，打开“插入图片”对话框，插入“树叶”图片(可以是其他相关图片)，适当调整大小和位置。依照图 11-9 输入需要的文字。

③ 幻灯片格式化。在“设计”选项卡的“背景”组中单击“背景样式”下拉按钮，选择“设置背景格式”选项，打开“设置背景格式”对话框，在“填充”选项卡的“填充”栏中选中“渐变填充”单选按钮，单击“预设颜色”下拉按钮，在下拉列表中选择“雨后初晴”选项，单击“类型”下拉按钮，在下拉列表中选择“线性”选项，单击“方向”按钮，在下拉列表中选择“线性对角-右下到左上”选项，如图 11-10 所示。选定文本，在“开始”选项卡的“段落”组中单击“项目符号”下拉按钮，从下拉列表中选择“项目符号和编号”选项，打开“项目符号

和编号”对话框，在“项目符号”选项卡中单击“自定义”按钮，打开“符号”对话框，在“字体”下拉列表框中选择“Windings”，将项目符号定义为“❖”，颜色设置为“黄色”。利用“开始”选项卡“字体”组中的相应按钮将标题文本“贺卡”字体设置为“华文行楷”“66(磅)”“黄色”，将文本“学校校庆”“校园故事”和“魅力锦江”字体设置为“方正舒体”“32(磅)”，适当调整大小和位置。

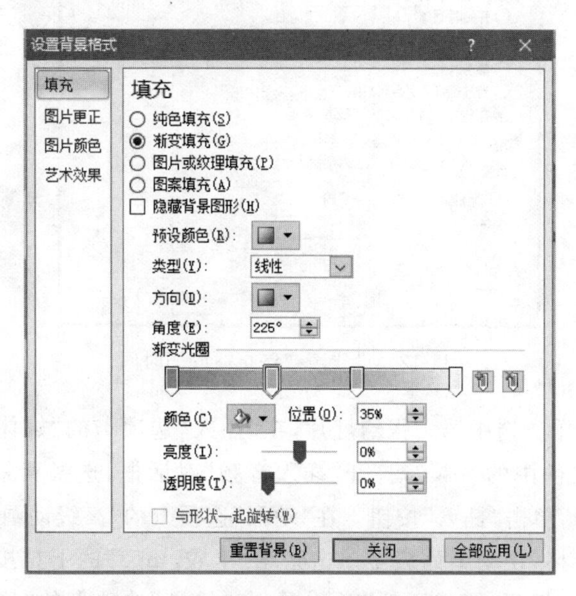

图 11-10 “贺卡”幻灯片背景格式的设置

④ 设置动画效果。选中“文本 2”(“学校校庆”“校园故事”“魅力锦江”)，用前面介绍的方法设置动画效果为从底部飞入。在“切换”选项卡的“切换到此幻灯片”组中单击幻灯片切换库中“动态内容”区的“旋转”按钮。

⑤ 设置超级链接。选定文本“学校校庆”，在“插入”选项卡的“链接”组中单击“超链接”按钮，打开“插入超链接”对话框，在“链接到”栏中单击“本文档中的位置”，在“请选择文档中的位置”中单击“祝母校生日快乐!”，如图 11-11 所示，然后单击“确定”按钮。用同样的方法将“校园故事”“魅力锦江”超链接到相应的幻灯片上。

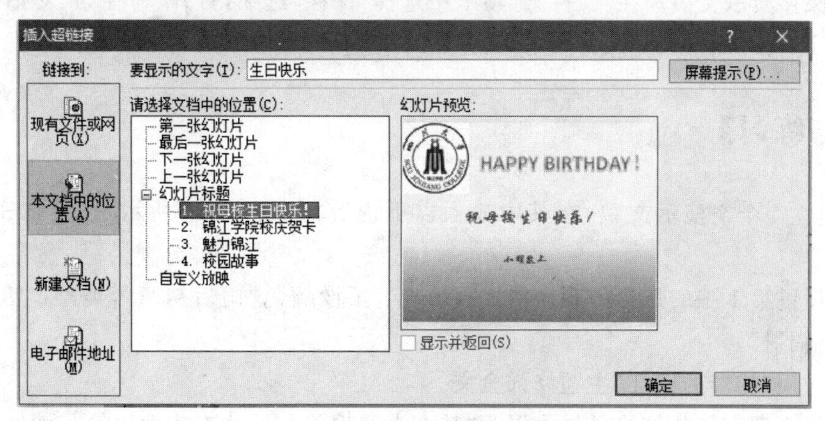

图 11-11 “插入超链接”对话框

在普通视图“幻灯片”选项卡中，单击“贺卡”幻灯片，按住鼠标左键移到第1张位置。

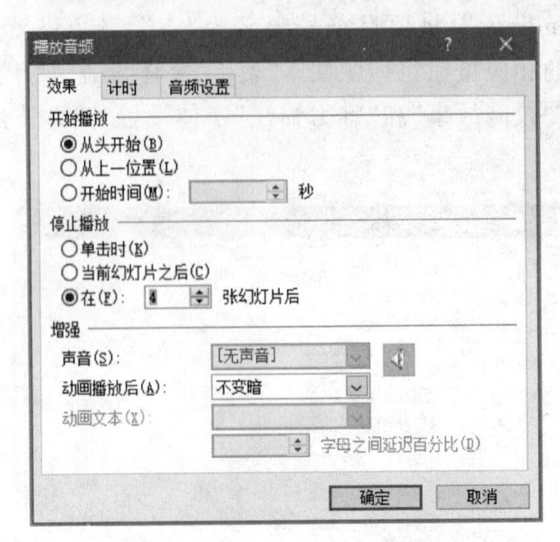

图 11-12　设置声音停止播放的时间

(5) 插入背景音乐。选中第1张幻灯片，在“插入”选项卡的“媒体”组中单击“音频”下拉按钮，选择“文件中的音频”，打开“插入音频”对话框，选择背景音乐“卡农.mp3”(也可以是其他音乐)，单击“插入”按钮。在“动画”选项卡的“高级动画”组中单击“动画窗格”按钮，打开动画窗格，在动画列表中单击音频“卡农.mp3”的下拉按钮，在下拉列表中选择“效果选项”选项，打开“播放音频”对话框，在“效果”选项卡的“停止播放”栏中设置“在4张幻灯片后”，如图11-12所示，表示声音一直播放，到4张幻灯片全部播放完毕后停止，注意可以根据需要设置幻灯片张数。再单击“音频设置”标签，选中“幻灯片放映时隐藏音频图标”复选框，单击“确定”按钮。

(6) 设置放映方式。在“幻灯片放映”选项卡的“设置”组中单击“设置放映方式”按钮，打开“设置放映方式”对话框，选中“演讲者放映(全屏幕)”单选按钮及“循环放映，按Esc键终止”复选框，如图11-13所示，单击“确定”按钮。然后按F5键观看演示文稿的播放效果。

(7) 保存演示文稿。在“文件”选项卡中选择“保存”选项，打开“另存为”对话框，将文件保存在E:\powerpoint文件夹中，文件名为p1.pptx，单击“保存”按钮。

【思考与练习】

1. 建立一个空演示文稿，在其中输入以下内容，如图11-14所示，按要求完成下列操作：

(1) 设置第1张幻灯片的背景格式。填充：预设颜色“雨后初晴”，类型：“射线”，方向：“中心辐射”。

(2) 应用“初春的锦江”主题修饰全文。

(3) 将全部幻灯片切换效果设置为“从右上部擦除”，换片方式为每隔5秒自动换片。

（4）将第 3 张幻灯片的版式改为“垂直排列标题与文本”。

（5）演示文稿保存在 E：\powerpoint 文件夹中，文件名为 p2. pptx。

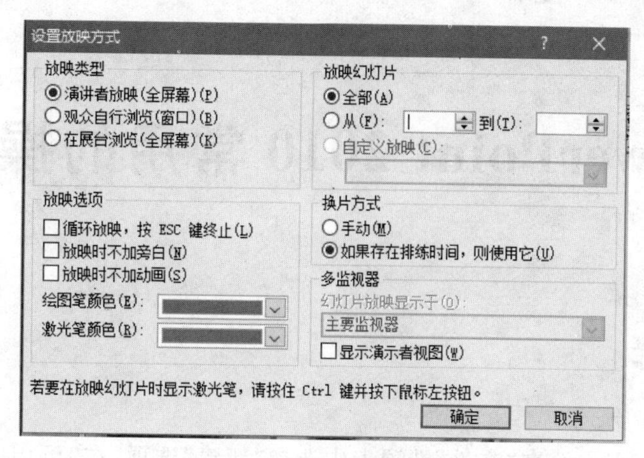

图 11-13　设置放映方式

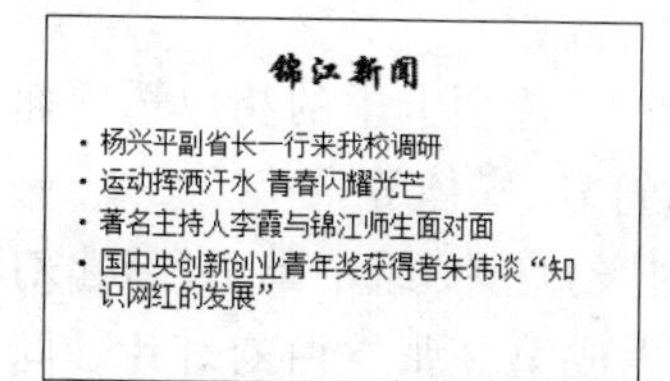

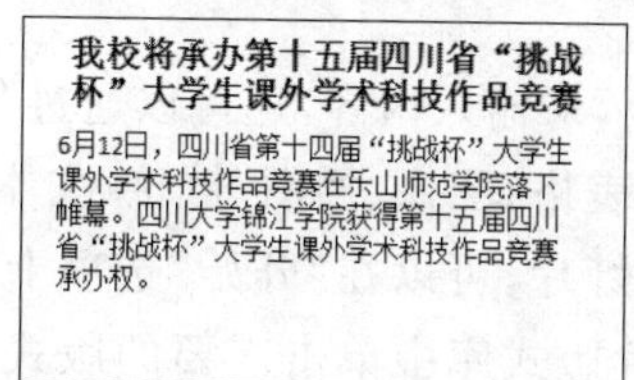

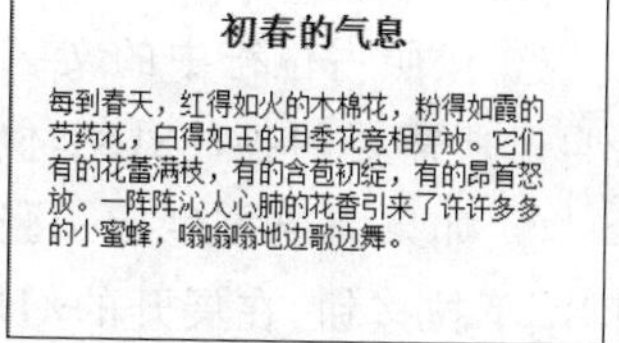

图 11-14　演示文稿样例

2. 将前面设计性实验中收集的文字和相关素材制作一个演示文稿，尽量用到所学过的演示文稿的编辑、美化、动画技术、超链接技术和多媒体技术等相关知识。

3. 参考图 11-15 设计一个介绍自己或自己所在学校或所学专业的演示文稿。

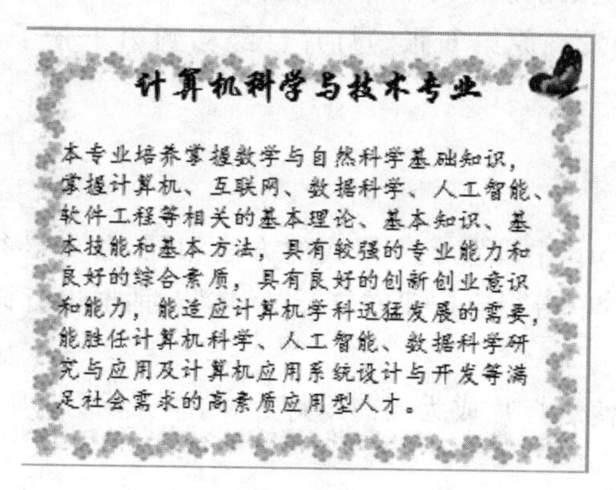

图 11-15　自我介绍演示文稿

综合任务 Ⅳ

PowerPoint 2010 常用的操作

1. 基本操作

(1) 新建幻灯片。

① 启动 PowerPoint,在“文件”选项卡中选择“新建”选项,在“可用的模板和主题”中选择“空白演示文稿”,然后在右边预览窗口下单击“创建”按钮,界面中就会出现一张空白的“标题幻灯片”。

② 按照占位符中的文字提示来输入内容,还可以通过“插入”选项卡中的相应选项插入自己所需要的各种对象,例如表格、图像、插图、链接、文本、符号、媒体等。

③ 如果需要再生成一张幻灯片,可以在“开始”选项卡的“幻灯片”组中单击“新建幻灯片”下拉按钮,在展开的幻灯片版式库中单击需要的版式,生成第 2 张空白幻灯片。同理可以生成多张幻灯片。

(2) 移动幻灯片。

① 在“幻灯片”选项卡的“演示文稿视图”组中单击“幻灯片浏览”按钮,将幻灯片转入幻灯片浏览视图。

② 用鼠标拖曳第 6 张幻灯片到第 1 张幻灯片前,这时在第 1 张幻灯片前出现一道灰色的竖线,松开鼠标,发现原第 6 张幻灯片已经移到第 1 张了,原第 1 张已经变成第 2 张。

2. 格式设置

(1) 字符格式和 Word 中设置字符格式的方法相同,首先必须选定对象,然后在“开始”选项卡的“字体”组中单击相应按钮或打开“字体”对话框进行详细设置。

(2) 幻灯片版式。

① 选定幻灯片,或使幻灯片成为当前幻灯片。在“开始”选项卡的“幻灯片”组中单击“版式”下拉按钮。

② 版式库列表中选择需要的版式。

(3) 背景设置。

① 使幻灯片成为当前幻灯片,在“设计”选项卡的“背景”组中单击“背景样式”下拉按钮,从下拉列表中选择“设置背景格式”选项。

② 弹出“设置背景格式”对话框。若设置背景为“纯色填充”,可直接选择颜色或单击

“其他颜色”按钮，可有更多颜色选择。

③ 还可以设置背景为“渐变填充”“图片或纹理填充”“图案填充”等，并设置相应的背景效果。

④ 单击“关闭”或“全部应用”按钮完成设置。

注意：单击“关闭”按钮，所选择的背景只应用在当前幻灯片上；单击“全部应用”按钮，所选择的背景会应用在本演示文稿的所有幻灯片上。

3. 应用主题

使用主题可以迅速、全面地修饰幻灯片，其设置方法如下。

① 选定幻灯片。

② 在“设计”选项卡的“主题”组中右击需要的主题图标，从弹出的快捷菜单中选择“应用于选定幻灯片”选项。

4. 切换方式

① 使幻灯片成为当前幻灯片。

② 在“切换”选项卡的“切换到此幻灯片”组中选择切换效果，即可将该效果应用于当前幻灯片。

③ 在“切换”选项卡的“计时”组中单击“全部应用”按钮，将该效果应用于全部幻灯片。

5. 动画设置

① 使幻灯片成为当前幻灯片，选定需要设置动画效果的对象。

② 在“动画”选项卡的“动画”组中单击“动画样式”库中相应的按钮；也可以在“高级动画”组中单击“添加动画”按钮，在其下拉列表中选择操作。如果想使用更多的效果，可以选择“动画样式”库或“添加动画”按钮下拉列表中的相应选项：“更多进入效果”“更多强调效果”“更多退出效果”和“其他动作路径”。

③ 动画效果设置好后，可以对动画方向、运行方式、顺序、声音、动画长度等内容进行编辑。有些动画可以改变方向，通过在“动画”选项卡的“动画”组中单击“效果选项”按钮来完成；动画运行方式包括“单击时”“与上一动画同时”“上一动画之后”3 种方式，这在“动画”选项卡“计时”组中的“开始”下拉列表框中选择；改变动画顺序可以先选定对象，单击“计时”组中的相应按钮：“向前移动”“向后移动”，此时对象左上角的动画序号会相应变化；动画添加声音可以通过选定对象，在“动画”选项卡中单击“动画”组右下角的对话框启动器按钮，打开“动画效果”对话框，在“效果”选项卡的“声音”下拉列表框中选择合适的声音。在该选项卡中还可以将文本设置为按字母、词或段落出现；动画运行的时间长度包括非常快、快速、中速、慢速、非常慢 5 种方式，这可以在动画效果对话框“计时”选项卡中设置完成，在其中还可以设置动画运行方式和延迟。

④ 同理设置其他对象动画效果。

6. 上机练习

【上机练习 1】 完成如图Ⅳ-1 所示的样稿。

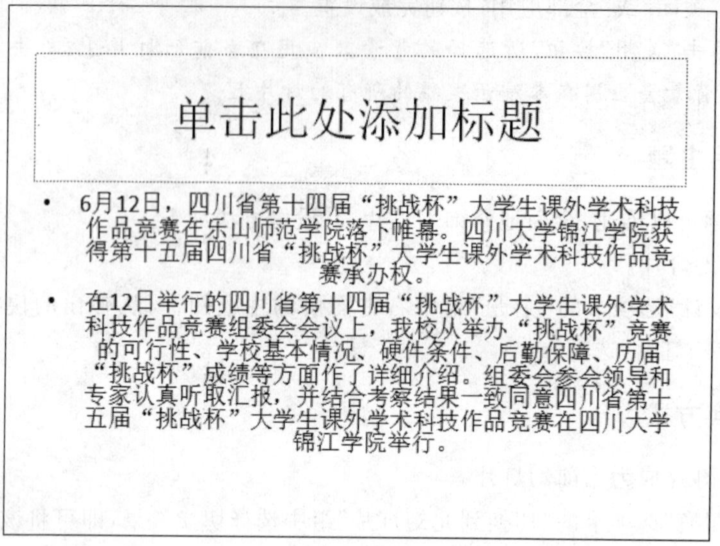

单击此处添加标题

- 6月12日，四川省第十四届“挑战杯”大学生课外学术科技作品竞赛在乐山师范学院落下帷幕。四川大学锦江学院获得第十五届四川省“挑战杯”大学生课外学术科技作品竞赛承办权。
- 在12日举行的四川省第十四届“挑战杯”大学生课外学术科技作品竞赛组委会会议上，我校从举办“挑战杯”竞赛的可行性、学校基本情况、硬件条件、后勤保障、历届“挑战杯”成绩等方面作了详细介绍。组委会参会领导和专家认真听取汇报，并结合考察结果一致同意四川省第十五届“挑战杯”大学生课外学术科技作品竞赛在四川大学锦江学院举行。

图Ⅳ-1　上机练习 1 样稿 1

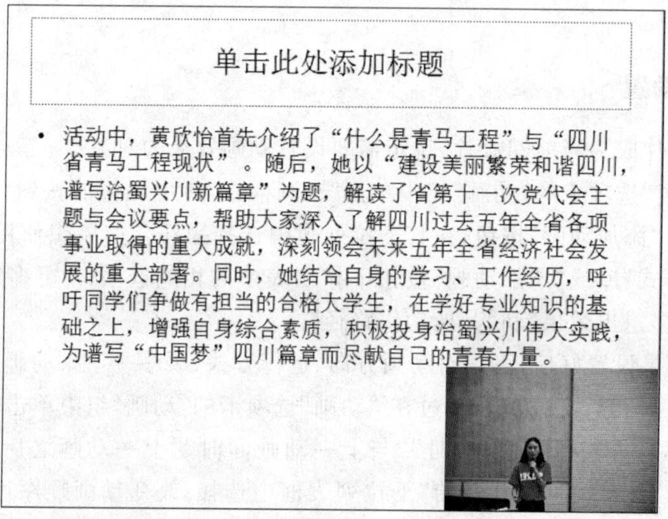

单击此处添加标题

- 活动中，黄欣怡首先介绍了“什么是青马工程”与“四川省青马工程现状”。随后，她以“建设美丽繁荣和谐四川，谱写治蜀兴川新篇章”为题，解读了省第十一次党代会主题与会议要点，帮助大家深入了解四川过去五年全省各项事业取得的重大成就，深刻领会未来五年全省经济社会发展的重大部署。同时，她结合自身的学习、工作经历，呼吁同学们争做有担当的合格大学生，在学好专业知识的基础之上，增强自身综合素质，积极投身治蜀兴川伟大实践，为谱写“中国梦”四川篇章而尽献自己的青春力量。

图Ⅳ-2　上机练习 1 样稿 2

要求如下：

(1) 在第 1 张幻灯片前插入一张版式为“两栏内容”的幻灯片，并插入艺术字“第三届全国高校 BIM 毕业设计作品大赛比赛现场”，并转换为 SmartArt 的 V 型列表的右侧插入第 4 张幻灯片的图片。

(2) 第 2 张幻灯片的版式改为“垂直排列标题与文本”，并将第 3 张幻灯片的图片插入左侧。图片的进入动画效果为“旋转”，文本的进入动画效果为“阶梯状”“右上”。动画出现顺序为先文本后图片。

(3) 第 3 张幻灯片文本的字体设置为“黑体”，字号设置成 29 磅，“加粗”，颜色为蓝色(使用自定义标签的红色 0、绿色 0、蓝色 250)。

(4) 删除第 4 张幻灯片。

(5) 使用“龙腾四海”主题修饰全文，全部幻灯片切换效果为“揭开”。

最终效果可见图Ⅳ-3～图Ⅳ-5。

图Ⅳ-3　上机练习 1 最终效果图 1

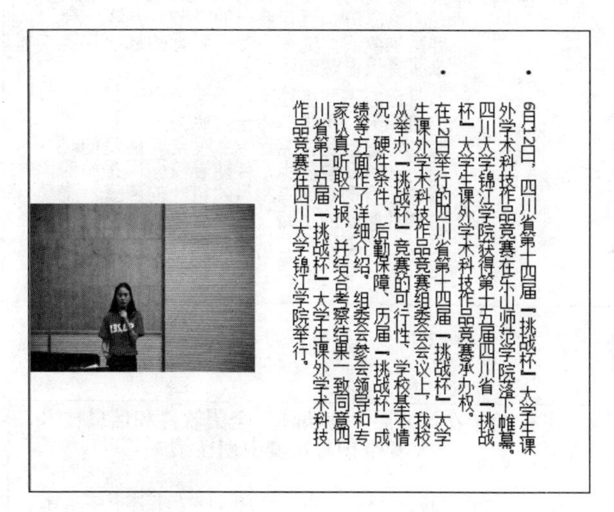

图Ⅳ-4　上机练习 1 最终效果图 2

【上机练习 2】　完成如图Ⅳ-6 和图Ⅳ-7 所示的样稿。

要求如下：

(1) 将第 2 张幻灯片的主标题设置为“加粗”“红色”。

注意：请用自定义标签中的红色 255，绿色 0，蓝色 0。

(2) 将第 1 张幻灯片文本内容的动画设置为“螺旋飞入”。

(3) 将第 1 张幻灯片移动为演示文稿的第二张幻灯片。

(4) 将第 1 张幻灯片的背景预设颜色为“茵茵绿原”，类型为“线性”，方向为“线性对

- **活动中，黄欣怡首先介绍了“什么是青马工程”与“四川省青马工程现状” 。随后，她以“建设美丽繁荣和谐四川，谱写治蜀兴川新篇章”为题，解读了省第十一次党代会主题与会议要点，帮助大家深入了解四川过去五年全省各项事业取得的重大成就，深刻领会未来五年全省经济社会发展的重大部署。同时，她结合自身的学习、工作经历，呼吁同学们争做有担当的合格大学生，在学好专业知识的基础之上，增强自身综合素质，积极投身治蜀兴川伟大实践，为谱写“中国梦”四川篇章而尽献自己的青春力量。**

图Ⅳ-5　上机练习 1 最终效果图 3

锦江春色

- 人间四月芳菲尽，山寺桃花始盛开。四月，是万物复苏、百花盛开的季节。一夜一夜春雨的滋润，洗去了冬天刺骨的寒冷，浇来了春天温暖的阳光。
- 四月已经不同以往了，会连续出现好几天的艳阳天。暖暖的阳光，照得人心里也暖暖的，忍不住将笑意浮上嘴角。傍晚的时候，在锦江散散步，伴随着校园广播站的音乐，身侧是鸟鸣和风吹树叶的声音，绕过树林荫蔽的小路，走进柔软的“大草原”，小草调皮的拱着鞋底，鼻尖传来不远处的花香，未尝不是一种享受。

图Ⅳ-6　上机练习 2 样稿 1

我校学子在第八届“蓝桥杯”全国软件和信息技术大赛全国总决赛中创佳绩

- 5月27日，由教育部高等学校计算机科学与技术教学指导委员会、工业和信息化部人才交流中心联合举办的第八届“蓝桥杯”全国软件和信息技术大赛总决赛在北方工业大学举行。我校计算机学院院长易勇和电气与电子信息工程学院教师简磊带领学生团队参赛，最终获得了本科组二等奖2项、三等奖2项、优秀奖2项和专科组三等奖1项、优秀奖2项的优异成绩。

图Ⅳ-7　上机练习 2 样稿 2

角-左上到右下”。

(5) 将全部幻灯片的切换效果设置为“百叶窗”。

最终效果如图Ⅳ-8和图Ⅳ-9所示。

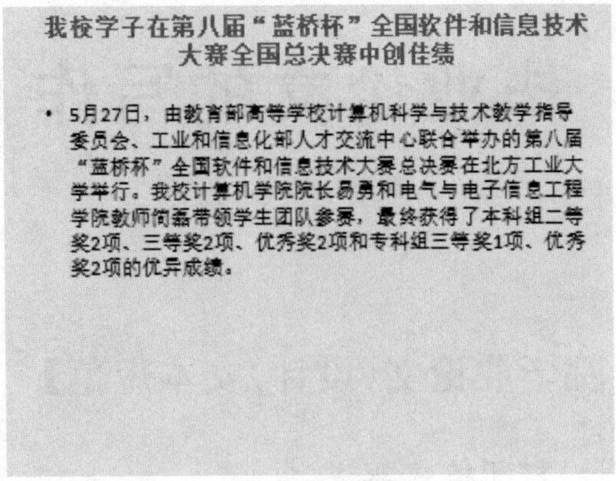

图Ⅳ-8　上机练习2最终效果图1

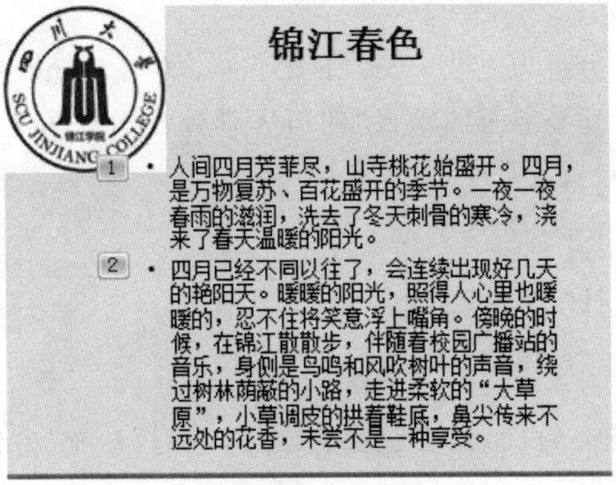

图Ⅳ-9　上机练习2最终效果图2

毕业论文的写作

【四川大学锦江学院毕业论文(设计)文本规范】

1. 毕业论文(设计)打印格式要求

(1) 软件排版。用微软 Word 软件排式,用 A4 纸(297×210)纵向排式,文字从左至右通栏横排、打印。

(2) 页面设置。页边距为上 2.5cm,下 2.5cm,左 2.5cm,右 2cm,装订线 0,页眉边距为 1.5cm,页眉以小五号字宋体输入"四川大学锦江学院毕业论文(设计)";页脚边距为 1.5cm,插入的页码设置为居中。

(3) 行间距:最小值 20 磅。

2. 毕业论文(设计)文字排式

1) 封面

采用学校提供的统一封面,内容包括:题目,系别,专业(方向),班级,学生姓名,学号,指导教师姓名。

2) 题目

中文题目应简短、明确、有概括性,一般不超过 20 个汉字,用三号黑体字,居中。

外文题目应与中文题目题义一致,不使用标点,用三号加粗 Times New Roman,居中。

3) 中英文摘要、关键词排式

摘要是论文内容的简要陈述,应尽量反映论文的主要信息,包括研究目的、方法、成果和结论,不含图表,不加注释,具有独立性和完整性。英文摘要与中文摘要的内容应一致。

"摘要"两字用黑体加粗(小四号),并加上【】,段前空两格,摘要内容楷体 GB-2312(小四号),一般不超过 300 个汉字。

关键词是反映毕业论文(设计)主题内容的名词,一般直接从论文题目或论文正文中抽取供检索使用。"关键词"三字用黑体加粗(小四号),并加上【】,段前空两格,关键词内容为楷体 GB-2312(小四号),关键词用空格隔开。

Abstract:Time New Roman 加粗(小四号);

Abstract 内容：Time New Roman(小四号)。

Key Words：Time New Roman 加粗(小四号)；

Key Words 内容：Time New Roman(小四号)。

4）目录

目录按三级标题编写，要求层次清晰，且与论文所采用的题序层次结构一致。主要包括绪论、论文主体、结论、主要参考文献、附录及致谢等。

“目录”二字用三号黑体字，居中；标题用小四号宋体字，标题文字居左，页码居右，之间用连续三连点连接。标题需转行的，转行后的标题文字应缩进 1 字处理。

5）正文要求

正文部分包括绪论(或前言、序言)、论文主体及结论。

绪论(或前言、序言)是综合评述前人工作，说明论文工作的选题、目的、意义，以及论文所要研究的内容。

论文主体是论文的主要组成部分，要求层次清楚，文字简练，通顺，重点突出。

结论(或结束语)作为单独一章排列，但标题前不加“第×××章”字样。结论是整个论文的总结，应以简练的文字说明论文所做的工作，一般不超过 1000 字。

正文排式要求：一律通栏横排，文字选用小四号宋体。

6）标题排式

(1) 题序层次。撰写毕业论文(设计)的题序层次结构是保证文章结构清晰、纲目分明的编辑手段。要求题序层次前后统一，不得混杂使用，且与目录的标题格式保持一致。层次代号要求如表表 A-1 和表 A-2 所示，其中□表示空格。

① 理工科类。理工科类毕业论文标题序次结构为四级：1.　1.1　1.1.1　1.1.1.1

表 A-1　理工科类论文标题格式要求

1□×××××	顶格，小三号黑体
1.1□×××××	顶格，四号黑体
1.1.1□×××××	顶格，小四号黑体
1.1.1.1□×××××	顶格，小四号楷体 GB-2312

② 文科类。目前文科采用的标题序次结构可分四级，有以下两种选择：

第一种序次：第一章、第一节、一、(一)

第二种序次：一、(一)、1、(1)

表 A-2　文科类论文标题格式要求

第一种序次	第二种序次	格式要求
第一章 □×××××	一、□×××××	居中，小三号黑体
第一节 □×××××	(一)□×××××	顶格，四号黑体
一、□×××××	1. □×××××	顶格，小四号黑体
(一)□×××××	(1)□×××××	顶格，小四号楷体 GB-2312

(2) 标题占行。

一级标题文字上下各空一行。

二级标题上面空一行。

三级及以下标题上下不空行，在两级标题连排的情况下，不空行。

7) 表格、图片、公式排式

(1) 表格。表格用五号宋体，表头(即表格名称)用五号黑体。每一表格应以章分组编号，如表3-2表示第三章的第2个表格，该编号应在正文中相应处标明。

表格宽度不能超过版心。

续表(即一页未排完，下一页接着排的表)应在接排面的表上方加“续表”或“表×(续)”等字样，如续表不止一页，则需加上“续表一”等字样。

(2) 图片。手绘图、摄影照片、计算机制作图、印刷品等彩色、黑白图照均应清晰、清楚、准确，层次丰富。

每一图片应以章分组编号，该编号应在正文中相应处标明。

图片的长度和宽度不能超过版心尺寸。

(3) 公式。公式号以章分组编号，例如(2·4)表示第二章的第4个公式。

公式应尽量采用公式编辑应用程序输入，选择默认格式，公式号右对齐，公式调整至基本居中。

8) 注释

注释的序号用①、②、③等数码表示，采用上标符号，注文采用小五宋体，标注于该页面的下端。

9) 附录

附录应标明序号，各附录依次编排。如“附录1”排在版心左上角。“附录”用四号黑体字，附录文字采用五号宋体字。

10) 致谢

对导师和给予指导或协助完成毕业论文(设计)工作的组织和个人表示感谢，文字要简明、实事求是。“致谢”用四号黑体字居中，致谢文字采用小四号宋体字。

11) 页码

页码设在页脚，居中，用小五号宋体。目录、摘要、关键词等非正文部分的页码用罗马数字(Ⅰ、Ⅱ……)编排，正文以后的页码用阿拉伯数字(1、2、3……)编排。

3. 主要参考文献著录要求

为了反映论文的科学依据和作者尊重他人研究成果的严肃态度，同时向读者提供有关信息的出处，正文之后一般应刊出主要参考文献。列出的只限于那些作者亲自阅读过的、最重要的且发表在公开出版物上的文献。

“参考文献”楷体GB-2312加粗(四号)居中，参考文献内容采用宋体(五号)。正文引用参考文献处应用[1]、[2]、[3]等数码注出，采用上标符号，在参考文献表上按引用顺序排列。如“…效率可提高25%[14]。”表示此结果援引自文献14。

参考文献格式要求如下。

(1) 专著著录格式：

主要责任者.书名.其他责任者.版本.出版地：出版者，出版年：页次.

例如：刘少奇.论共产党员的修养.修订2版.北京：人民出版社，1962：76.

(2) 连续出版物(期刊)著录要求、格式：

析出责任(著)者.析出题(篇)名.析出其他责任者.原文献题名(刊名)，版本.起止页码.

例如：李四光.地壳构造与地壳运动.中国科学，1973(4)：400-429.

(3) 会议录、论文集、论文汇编著录要求、格式：

著者.题(篇)名.In(见)：整篇文献的编者姓名，文集名，会议名，会址，开会年，出版地：出版者，出版年：页次.

(4) 学术报告著录要求、格式：

著者.题(篇)名.报告题名，编号，出版地：出版者，出版年：页次.

(5) 学位论文著录要求、格式：

著者.题(篇)名.学位授予单位，编号或缩微制品序号，年.

例如：李景山.论大学生创新能力培养[D].长春：东北师范大学马克思主义理论与思想教育系，2003.

(6) 专利文献著录要求、格式：

专利申请者.专利题名.专利国别，专利文献种类，专利号.出版日期.

例如：姜锡洲.一种温热外敷药制备方法.中国专利，881056073，1980-07-26.

4. 毕业论文(设计)装订顺序

(1) 毕业论文(设计)封面；

(2) 中文摘要、关键词；

(3) 英文摘要、关键词；

(4) 目录；

(5) 正文(包括绪论、论文主体、结论)；

(6) 参考文献；

(7) 附录；

(8) 致谢。

5. 外文译文格式

外文译文用A4纸打印，行距20磅；页边距为上2.5cm，下2.5cm，左2.5cm，右2cm，装订线0。封面采用学校提供的统一封面。

外文资料：题目：Time New Roman(三号)，正文 Time New Roman(小四号)。

中文译文：题目：黑体三号，正文宋体(小四号)。

按中文翻译在上，外文原文在下的顺序装订。

【论文写作前的准备工作】

毕业论文是学生在毕业前提交的一份具有一定科研价值和实用价值的学术论文。在毕业论文的制作过程中，论文格式问题是困扰很多同学的一个大问题，本章总结出一套快速设定论文格式的方法，希望对论文写作起到直接的帮助。通过学习，可以很快理解并掌握 Word 2010 的常用功能，熟练完成论文的编辑和排版。论文写作前，先要规划好各种设置，尤其是样式设置，不同的篇章部分一定要分节，而不是分页，而且要预先做好以下设置。

1. Word 软件设置为显示所有选项

具体方法如下：在 Word 2010 中，在“文件”选项卡中选择“选项”选项，在弹出的“显示”选项卡中的“始终在屏幕上显示这些格式标记”，在“显示所有格式标记”复选框前面打钩，如图 A-1 所示。设置后，在 Word 2010 的页面上包括空格、回车等隐形的符号都可以看清，这样可以避免在论文写作过程中，多加空格或者回车格式不对等问题。

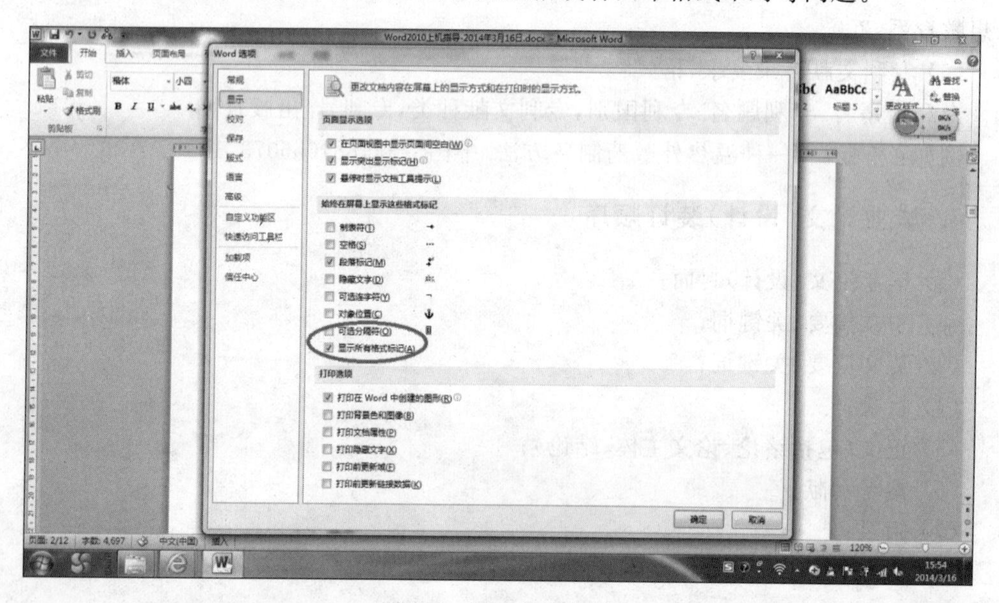

图 A-1　设置显示选项

2. 论文写作中不要设置格式

在论文写作过程中，对 Word 2010 文档不要设置格式，这样有利于在文章写完后根据要求统一设置格式。在有其他格式的文本（如网页内容、CAJ 格式内容、PDF 格式内容）复制到论文文档中时，注意将原有的格式清除掉，具体方法如下：

（1）将复制的内容复制到记事本中，然后从记事本中复制到 Word 文档中。

（2）将复制的内容复制到 Word 文档中，在“开始”选项卡的“样式”组中选择“清除格式”选项，将格式清除，如图 A-2 所示。

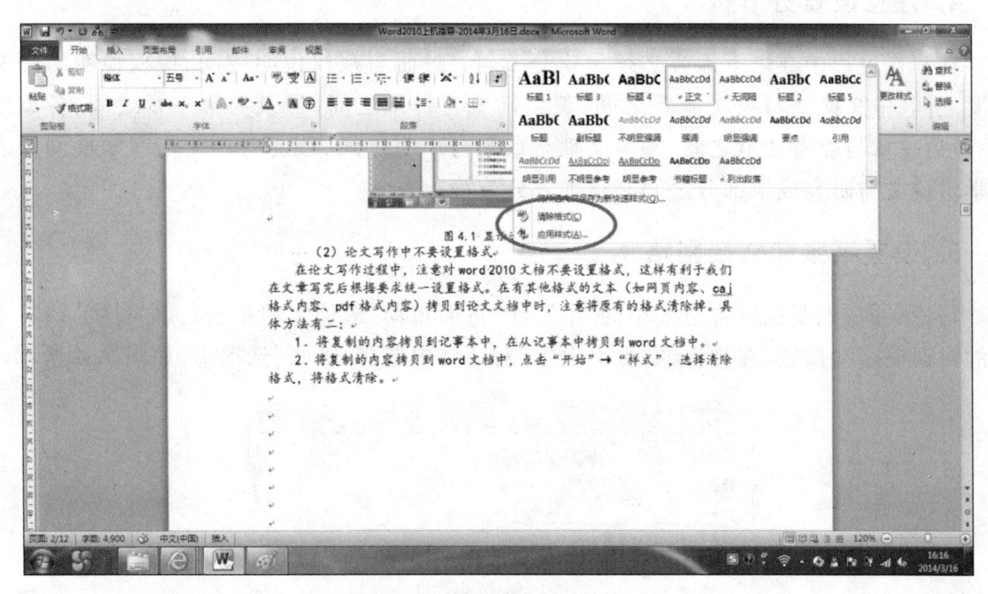

图 A-2　清除格式设置

3. 插入和改写模式的设置

在修改时，若增加的内容覆盖后面的文字，这是由于 Word 打开了改写模式，即在最下面的“改写”两字由无色变为了黑色，双击变黑的“改写”两字，就可以关闭“改写”功能，如图 A-3 所示。

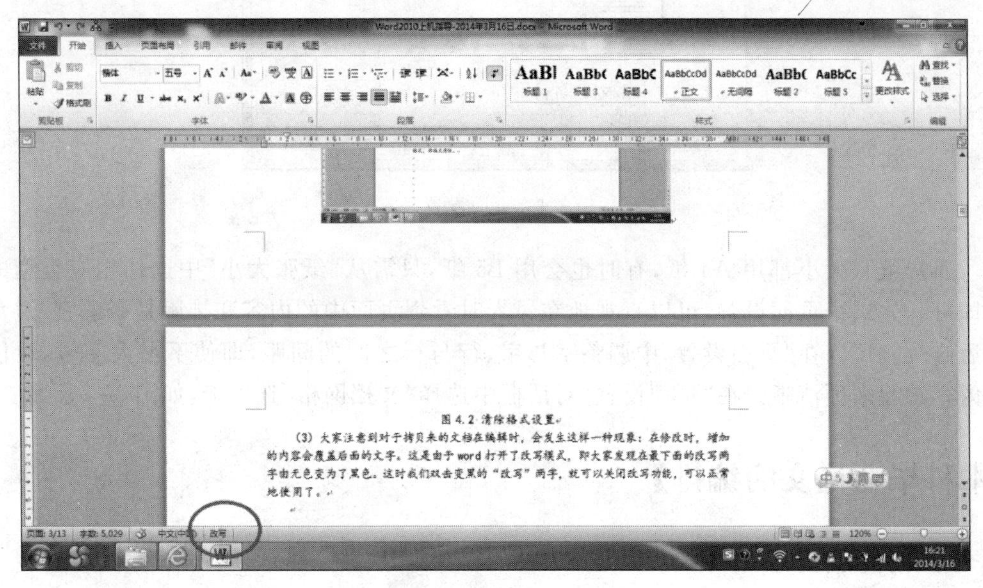

图 A-3　改写格式设置

4. 注意设置分节符

在写作过程中在以下地方必须设定分节符：封面与授权说明之间、授权说明与中文摘要之间、中文摘要与英文摘要之间、英文摘要与目录之间、目录与第一章之间、各章之间、最后一章与参考文献之间、参考文献与致谢与声明之间、致谢与声明与在学期间发表的学术论文与研究成果部分之间必须加入分节符。

5. 设置纸张和文档网格

写论文前，先要找好合适大小的“纸”，在“页面布局”选项卡中单击“页面设置”组右下角的对话框启动按钮，在弹出的“页面设置”对话框中选择“纸张”选项卡，如图 A-4 所示。

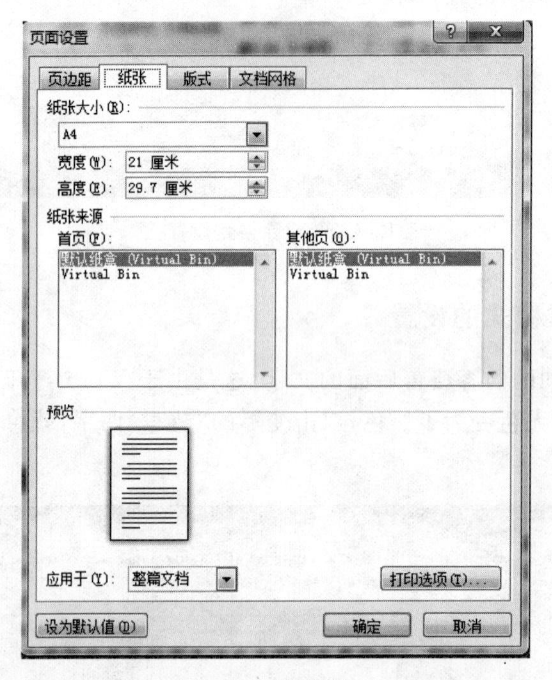

A-4 页面设置

通常纸张大小都用 A4 纸，有时也会用 B5 纸，只需从“纸张大小”中选择相应类型的纸即可。先进行页面设置，可以直观地在录入时看到页面中的内容和排版是否适宜，避免事后修改。可以在“页面设置”中调整字与字、行与行之间的间距，即使不增大字号，也能使内容看起来更清晰。在“页面设置”对话框中选择“文档网格”选项卡，如图 A-5 所示。

【本科毕业论文的编排】

1. 目的及要求

(1) 掌握 Word 2010 的启动、退出方法。

(2) 熟悉 Word 2010 的工作界面。

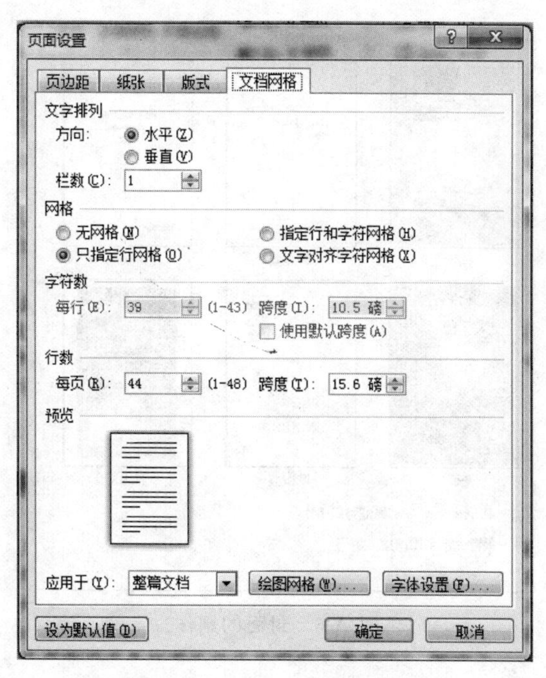

图 A-5　文档网格的设置

(3) 熟练掌握大纲级别的设置方法。

(4) 掌握字体、段落和标题样式的设置方法。

(5) 熟练掌握页眉、页脚和目录的设置方法。

2. 内容及操作过程

具体操作步骤如下：

1) 封面与摘要的排版

使用 Word 2010 可以很轻松地对文档的外观进行自定义,各种预定义的样式足以创建一个专业级外观的文档。Word 2010 中包含了许多预先定制的封面,可以对预置的设计进行各种个性化的改造。在“插入”选项卡的“页”组中单击“封面”下拉按钮,在下拉列表中选择自已喜欢的封面,如图 A-6 所示,在选中的封面上右击,可以从弹出的快捷菜单对封面的属性进行编辑。

题目是毕业论文最重要内容的概括,应该简短、明确,论文题目不超过 20 汉字。读者通过标题,能大致了解文章的内容、专业的特点和学科的范畴。唯一需要注意的是在封面和授权说明部分需要加入分节符(下一页),如图 A-7 所示。

摘要是毕业论文主要内容的提要,应该扼要叙述本论文的主要内容、特点,文字要精炼,是一篇具有独立性和完整性的短文,应包括本论文的主要成果和结论性意见、突出论文的创造性和新见解。论文摘要的字数一般不超过 300 个汉字。一般还要有对应的英文摘要。论文摘要是论文的缩影,是检索论文的主要方法之一。摘要不是目录,要避免将摘要写成目录式的内容介绍。

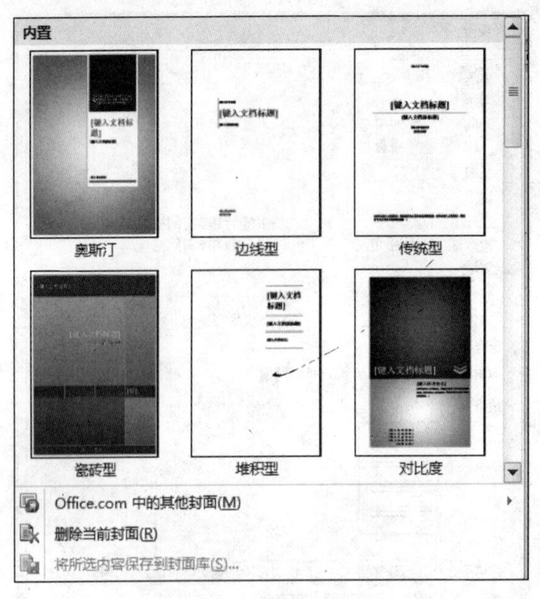

图 A-6　封面的制作

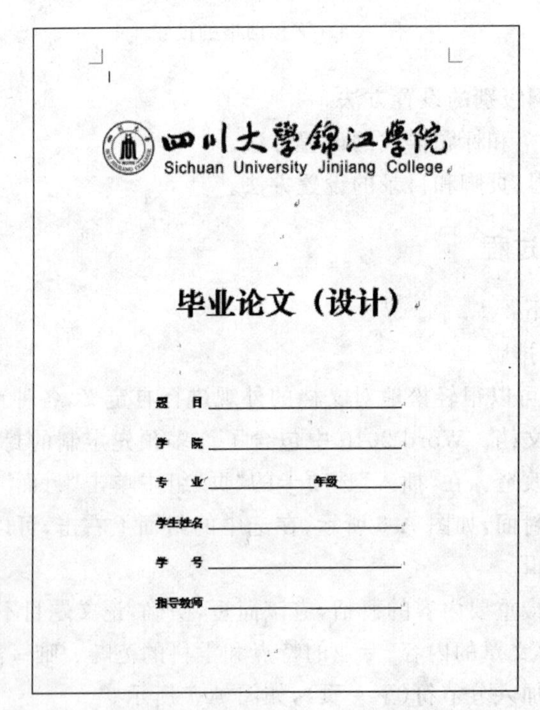

图 A-7　论文封面格式示例

关键词是供检索用的主题词条，应采用能覆盖论文主要内容的通用技术词条，一般列3～5个。关键词是从论文的题目、摘要和正文中选取出来的，是对表述论文的中心内容有实质意义的词汇。关键词是用作计算机系统标引论文内容特征的词语，便于信息系统汇集，以供读者检索。

2) 正文的排版

正文是毕业论文的核心内容，包括前言、主体、结论三大部分。

前言又称引言、序言、导言、导论等，用在论文的开头。前言一般要说明论文工作的选题目的、背景和意义，概括地写出作者的研究工作。前言要紧扣主题，简洁明确。前言还可以综合评述前人工作和进行现状分析，本人将有哪些补充、纠正或发展，还可以简单介绍研究方法。前言只是论文的开头，一般不必写前言这个标题。

主体是论文的主要部分，应该结构合理，层次清楚，重点突出，文字简练、通顺。以科学研究为主的毕业论文，要以充分有力的材料阐述自己的观点及其论据，重点论述作者的研究方法和研究成果。以毕业设计为主的毕业论文，应该简单介绍毕业设计的软硬件环境，采用的程序、工具等；要重点论述自己的毕业设计工作，采用的新技术、新方法，解决的理论或技术难题；最后给出所编写完成的程序的功能，毕业设计达到的技术指标或设计结论等。正文中可以采用图形、表格等形式辅助论述观点或描述设计过程，适当采用程序界面、关键源程序段，并结合设计任务或研究工作进行说明；但不要大量地粘贴图形和源程序（这些可以作为附录）。

结论是对整个论文主要成果的归纳，要突出设计（论文）的创新点，以简练的文字对论文的主要工作进行评价，并做到首尾对照；结论部分一般还要写对课题研究的展望，提及进一步探讨的问题或可能解决的途径等。结论部分作为新的段落，可以用空行分隔论文主体，不必写结论这个标题。如果结论部分内容很多，也可以设置结论作为一个标题。

(1) 样式。“无样式不成排版”，Word 的样式（Styles）指定了文字的呈现方式。例如宋体三号加粗、段前 1 行段后 1 行，行距 20 磅，这些每一项都是一个“格式”：字体格式、段落格式、编号格式等，如果将这些所有的格式组合起来，就形成了一个“样式”。可以在 Word 自带的样式编辑器里面对样式进行新建、修改和删除，对样式的操作主要是集中在图 A-8 所列的位置上，在“样式窗口”里有 3 个按钮：新建样式、检查样式和管理样式，在论文排版的时候，一般只用到第一个。

图 A-8 打开样式控制窗口

选择了一段文字之后，在“快速样式列表”中单击任意一个样式，这段选择的文字就会变为相应样式。单击“修改”后会出现图 A-9 的窗口，可以在左下角的格式修改框中修改这个样式中包含的所有格式，包括字体格式、段落格式等，在字体格式设置里面，中文字体和西文字体是可以独立设置的。论文中出现的“致谢”“参考文献”“附录 A”“附录 B”这几个的标题，因为不需要自动编号，可以按照论文格式的要求，设置保存为快速样式。

(2) 章节自动编号。论文的第一级标题格式形如“第 1 章”，第二级是“1.1”，第三级是“1.1.1”，必须设置一个多级编号来满足这个要求，必须让这个多级编号和“标题 1”，“标题 2”，“标题 3”的样式链接起来，在“多级列表”中，点选“定义新多级列表”，如图 A-10 所示。

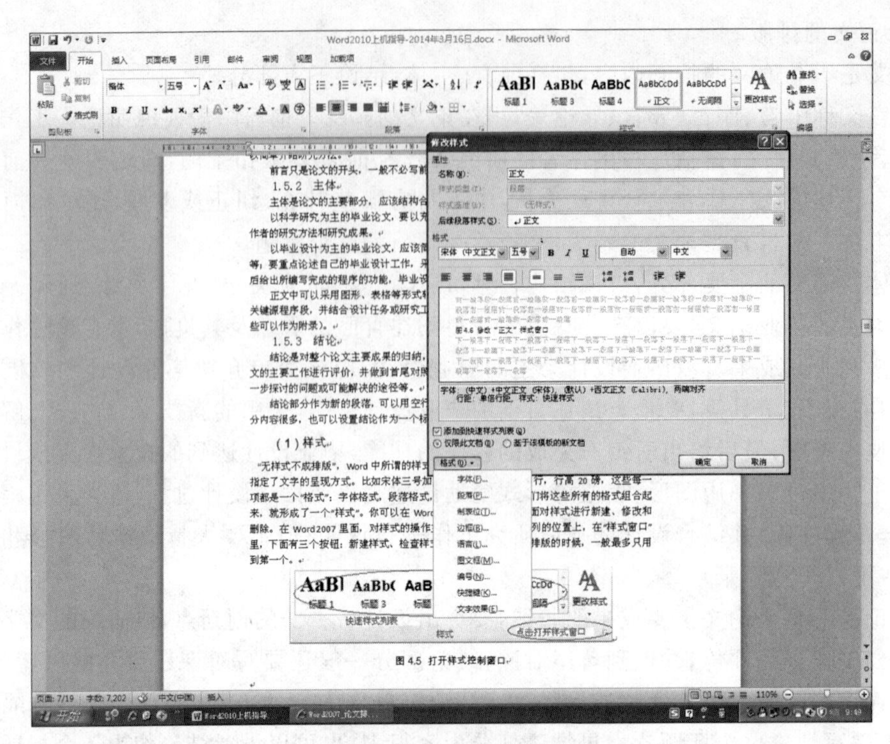

图 A-9 修改“正文”样式窗口

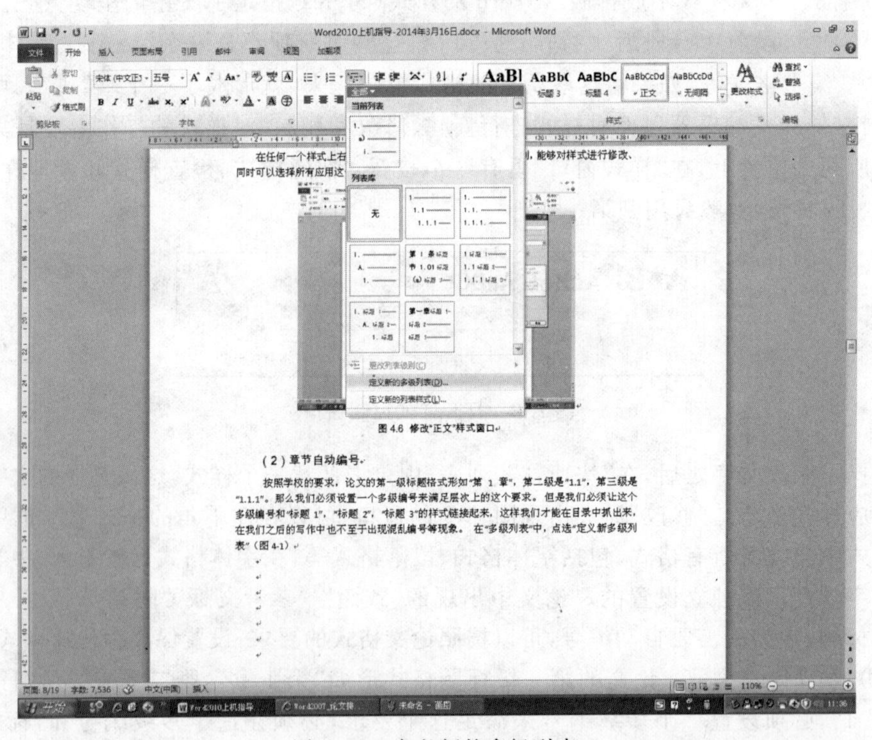

图 A-10 定义新的多级列表

然后修改编号格式，如图 A-11 所示，将第一级改为“第 1 章”，注意里面的 1 应该是有灰色底纹的。然后单击下面的“更多”按钮，在右边新出现的几个选项中，将多级列表的第一级和“标题 1”样式链接。同时选择在库中的级别为 1。

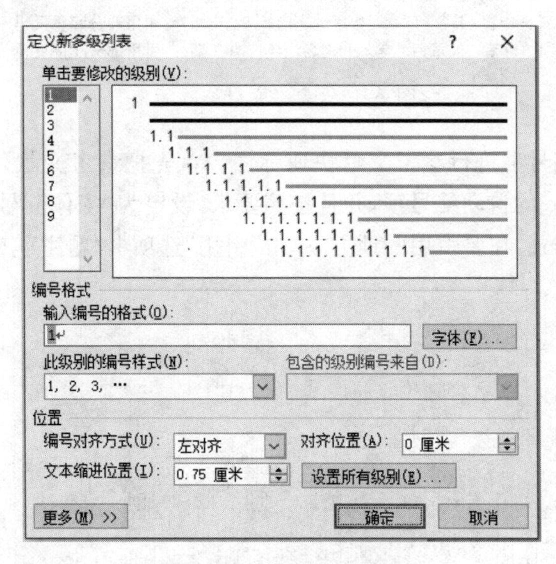

图 A-11 修改多级列表

以此类推，将 2 级和 3 级列表和“标题 2”，“标题 3”的样式链接，库中的级别分别为 2 和 3，缩进和对齐都按照论文要求设为 0 厘米。然后按照论文格式要求，修改标题 1-3 的格式，包括字体和段落。以后就可以只写章节的名字，比如第 1 章引言，就只需要输入“引言”，然后使其为标题 1 的样式就行，如图 A-12 所示。

1 标题 1（左对齐、黑体三号字）

1.1 标题 2（左对齐、黑体小三号字）

1.1.1 标题 3（左对齐、黑体四号字）

1. **标题** 4（左对齐、黑体小四号字，缩进 2 个字符）
正文内容（正文格式）
结论内容（正文格式）

图 A-12 正文格式示例

3）参考文献的排版与引用

参考文献是毕业设计和撰写论文过程中研读的一些文章或资料，列出参考文献即是对引用文献作者的尊重，也是论文的有力补充。要另起一页，按照论文中引用的先后顺序，按编号列举，为便于读者查找，应该遵循著录格式国家标准书写参考文献，内容要完整、准确，如图 A-13 所示。著录项目依次是作者(译者)、文章名、学术刊物名、年、卷(期)、起止页码。引用网上参考文献时，应注明该文献的准确网页地址。

编写参考文献和对参考文献的引用有两种方法，一是利用尾注，二是直接用一个编号

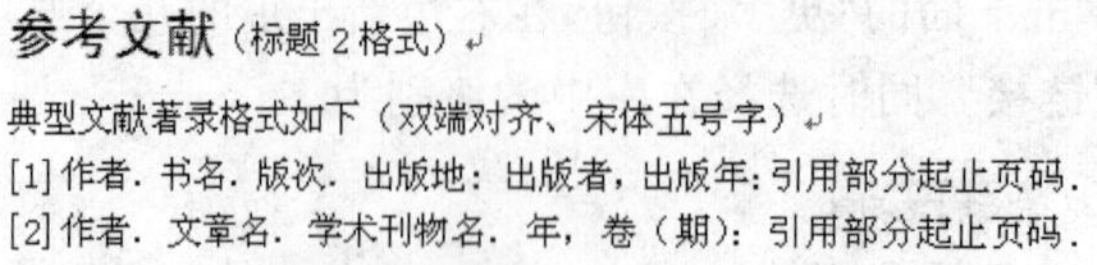

参考文献（标题 2 格式）

典型文献著录格式如下（双端对齐、宋体五号字）

[1] 作者. 书名. 版次. 出版地：出版者，出版年：引用部分起止页码.

[2] 作者. 文章名. 学术刊物名. 年，卷（期）：引用部分起止页码.

图 A-13　参考文献格式示例

项，在此，讲解使用编号项进行参考文献快速标注。首先把参考文献列出来，然后在每一条前面增加一个形如[x]的自动编号项，并且按照要求，设定为“宋体五号/Times New Roman，固定行距 20 磅”的样式，在要引用的地方，单击“引用”选项卡“题注”中的“交叉引用”。

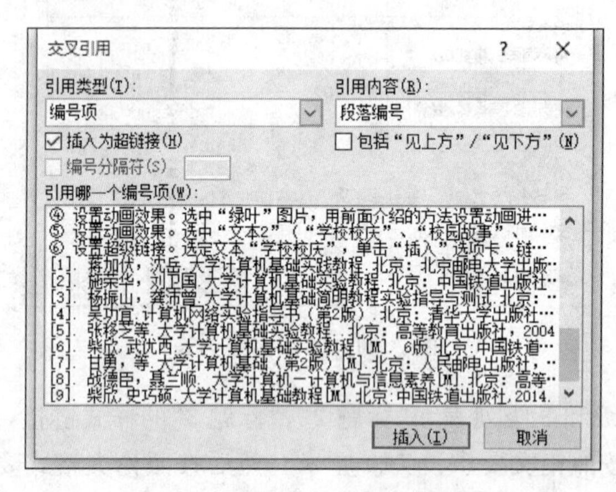

图 A-14　插入参考文献的引用

引用类型选择“编号项”，引用内容选择“段落编号”，然后单击“插入”按钮，就可以在当前光标所在位置插入对那一篇文献的引用。文献编号改变后，引用编号也会跟着改变，如图 A-14 所示。做好参考文献列表及其引用后，希望对参考文献的引用是上标的形式，可以插入一个改一个或者采用“查找/替换”功能批量修改。

4）插入图片及表格

在每一幅插图或者表格下面添加如“图 1-2 原理”字样的题注，其操作方法是，在文章中插入一个图片，右击图片，从弹出的快捷菜单中选择“插入题注”选项，在弹出的“题注”对话框中取消选中“题注中不包括标签”复选框。若采用章节自动编号方式，单击“编号”按钮，勾选“包含章节号”选项，如图 A-15 所示。

题注的字体段落等由样式“题注”控制。在引用图或表的时候，选择用“交叉引用”引用类型选择“图”或“表”，引用类型为“只有标签和编号”。若论文中需要插入一个图目录或表目录，在“引用”选项卡中的“题注”组中单击“插入图表目录”按钮，从弹出的“图表目录”对话框中选“图”选项卡生成图目录，选“表”选项卡生成表目录，如图 A-16 所示。

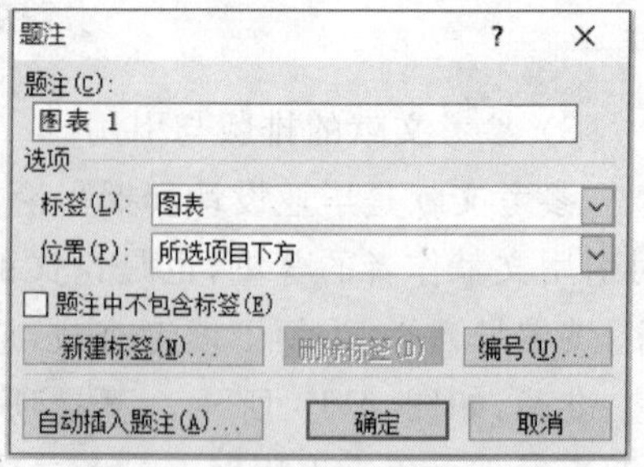

图 A-15　图表标签的设置

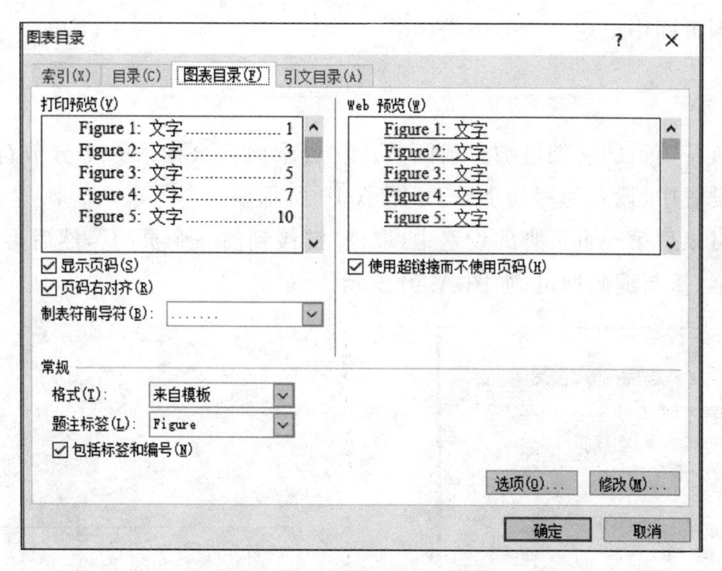

图 A-16　图表目录的设置

5）页码混编设置

一般要求论文目录之前的部分，页码用罗马数字编写，目录之后的用阿拉伯数字编写。要实现混编功能。采用 Word 2010 的分节功能使不同的节之间的页码呈现方式不同。在“页面布局”选项卡的“分隔符”组中可以插入分节符，分节符分为 4 种，如图 A-17 所示，如果要每章都从右边开始的话，可以在每章前插入“奇数页分节符”。

插入后，如果你选择“显示编辑标记”，如图 3-18 所示。

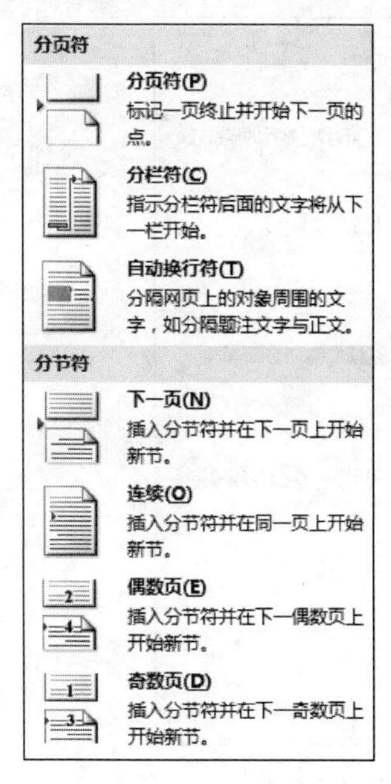

图 A-17　插入分节符

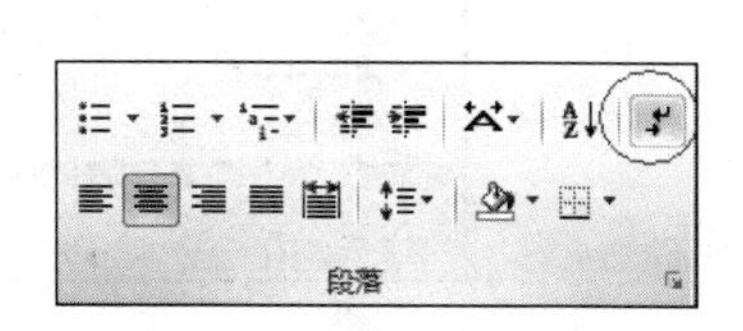

图 A-18　显示编辑标志

就能看到页面中出现一个分节符

分节符(下一页)

说明分节符前后的文档已被分成两节。在目录前一页插入一个分节符，在目录前页面页脚页码设置中，设置为罗马字母，如图 A-19 所示。

然后在目录后第一页页脚的设置中，取消“链接到前一个页脚”，然后再设置页码格式为阿拉伯数字，重新编码即可，如图 A-20 所示。

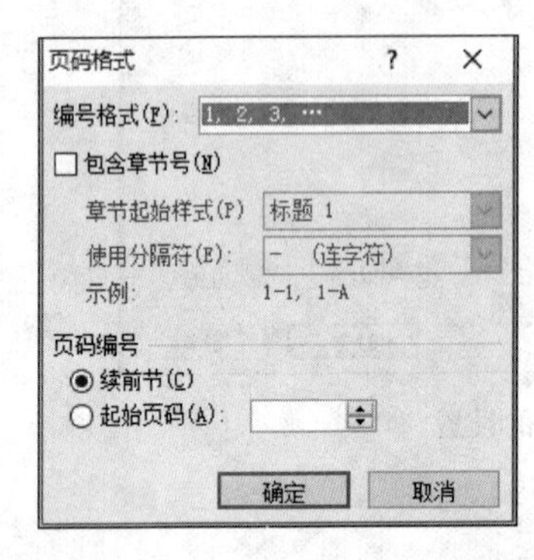

图 A-19　目录页码格式设置

图 A-20　取消对前一个页脚的链接

6）目录的格式设置

在一个新建的空白文档中，自然有“标题 1”“标题 2”“标题 3”3 种样式，打开样式管理器，如图 A-21 所示。

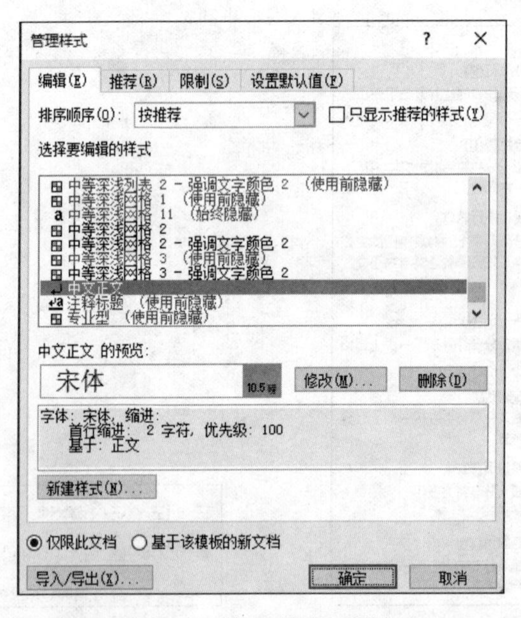

图 A-21　“管理样式”对话框

在 Word 中，被赋予“标题 1”这个样式的文字是文档结构中的最高级，依次类推，具有“标题”样式的文字在左边会显示一个实心黑色方形，打印时不会出现。同理，“目录 1”则是目录里面最高级对应文字的样式。在文档中插入目录的方法，如图 A-22 所示。

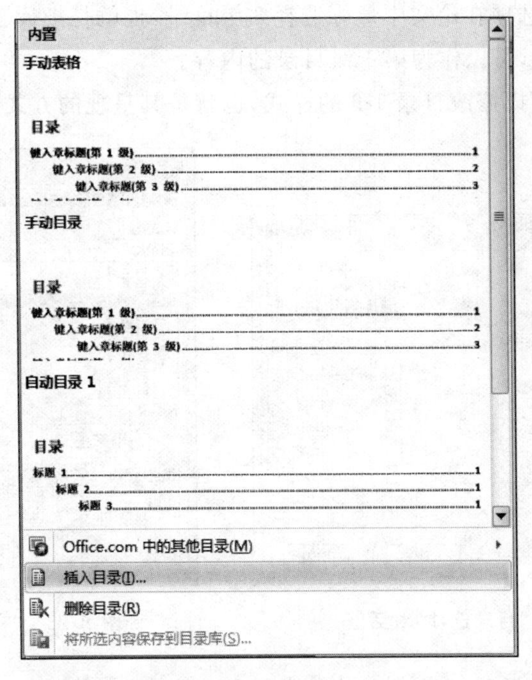

图 A-22　插入目录的方法

在弹出的新窗口中可以做一些对目录的修改，如图 A-23 所示。可以选择目录中没有页码、页码对齐方式以及从项目到页码之间用什么符号来连接。

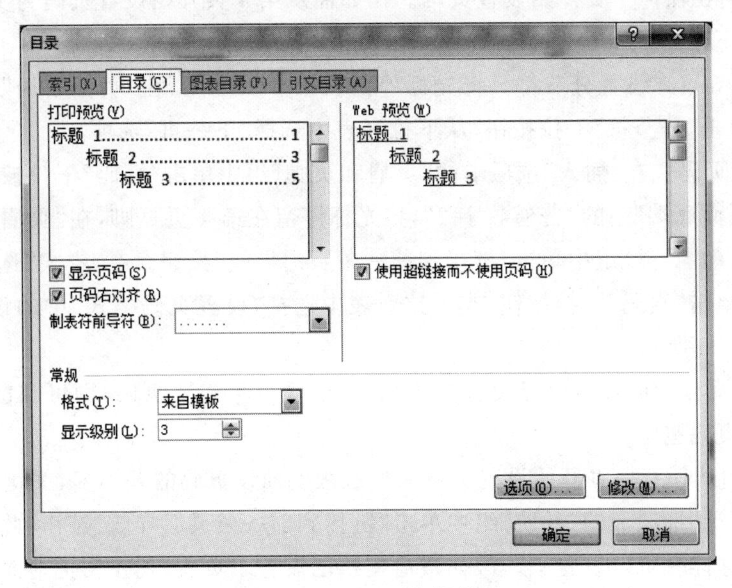

图 A-23　“目录”对话框

在图 A-23 所示的“选项”中，可以选择用哪些样式来生成哪个级别的目录，图 A-23 中所示的是标题 1-3 分别为 1-3 级目录。

图 A-24 中目录选项在论文中最好选择 3 层目录，也就是把标题作为目录，同时，对于“致谢”等非正文内容，可以作为第 1 级目录的内容。

在图 A-25 中，可以修改目录 1-9 的样式，也就是其呈现的方式。

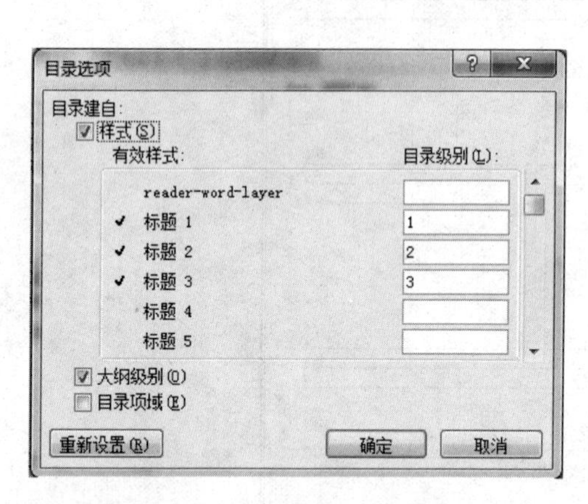

图 A-24 “目录选项”对话框

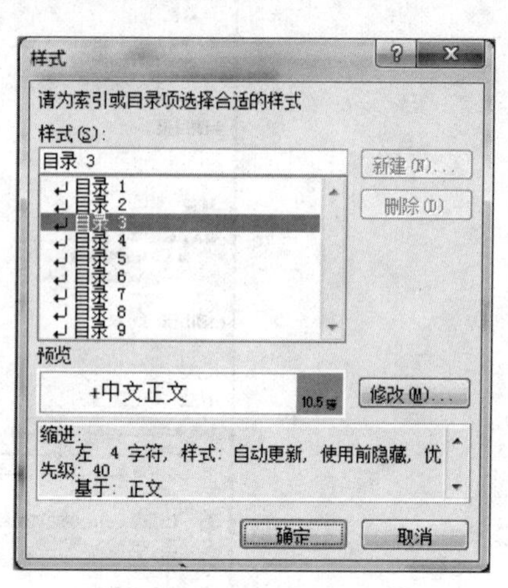

图 A-25 “样式”对话框

7）页眉和页脚的设置

利用 Word 2010 编辑长文本的时候，可以给不同的部分设置不同内容的页眉和页脚，例如一篇论文会包括序言、目录、很多章节、附录等，各个部分的页眉和页脚不同。

（1）如何在任何一页开始设置页码。比如需从第 4 页开始设置页码为 1、2、3、4、5…，操作步骤如下：

① 在第 3 页末设置分节符。将光标停留在第 3 页末尾，在“页面布局”选项卡的“分隔符”组中单击“分节符”下拉按钮，从下拉列表中选择“下一页”选项。

② 插入页码。在“插入”选项卡的“页眉和页脚”组中单击“页码”下拉按钮，从下拉列表中选择“页面底端”中的“普通数字 2”，将光标停留在第 4 页页脚，在“页眉和页脚工具|设计”选项卡的“导航”组中单击“链接到前一条页眉导航”按钮。在“样式”选项卡的“页眉和页脚”组，单击“页码”下拉按钮，在下拉列表中选择“设置页码格式”中的设置起始页码为 1，如图 A-26 所示。

③ 第 4 页以后的页码已经设置好了，如果前 3 页不需要页码，则可在前 3 页任意一页的页脚将页码删除。

（2）如何从任意一页开始设置页眉。方法跟上面设页码的差不多，关键是在“页眉和页脚工具|设计”选项卡的“导航”组中单击“链接到前一条页眉导航”按钮，此时“与上一节相同”消失，这样就可以设置了。假如整篇文档已设置了页眉，现在要把封面的页眉删除，方法是将光标停留在封面末尾，在“页面布局”选项卡的“分隔符”组中单击“分节符”下拉按钮，在下拉列表中选择“下一页”选项，然后双击第 2 页的页眉，页眉处于编辑状态，在

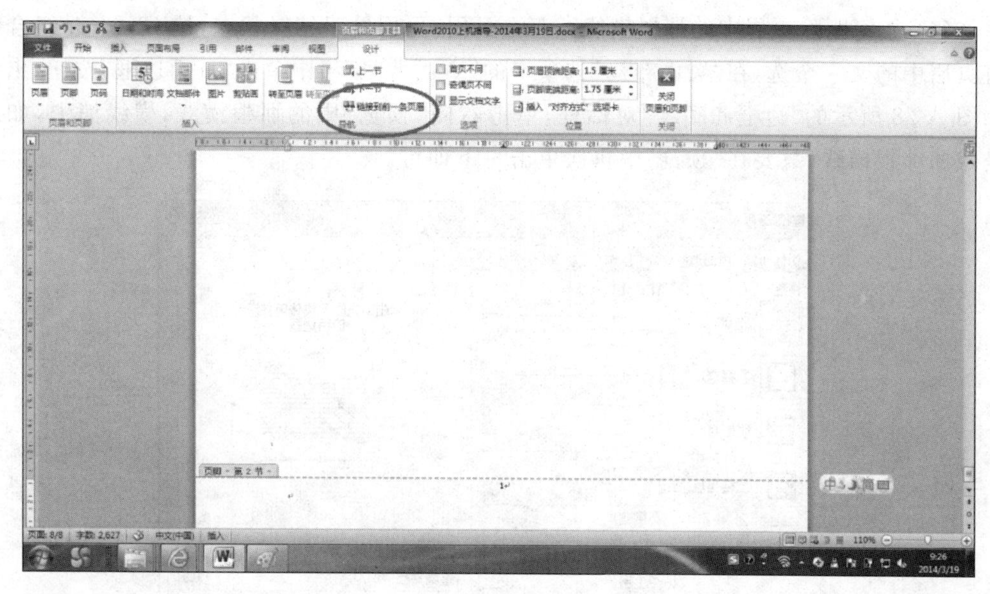

图 A-26　设置页码

“页眉和页脚工具|设计”选项卡的“导航”组中单击“链接到前一条页眉导航”按钮，此时直接删除封面页眉即可。

(3) 如何设置首页或奇偶页页眉不同。页眉页脚处于编辑状态时，会出现“页眉和页脚工具|设计”选项卡，在它下方有“首页不同”和“奇偶页不同”复选框，根据需要勾选(注意光标停留位置)。选中“首页不同”复选框，首页页眉页脚的内容将会消失；选中“奇偶页不同”复选框，偶数页页眉页脚内容消失，消失的内容需重新编辑输入，如图 A-27 所示。

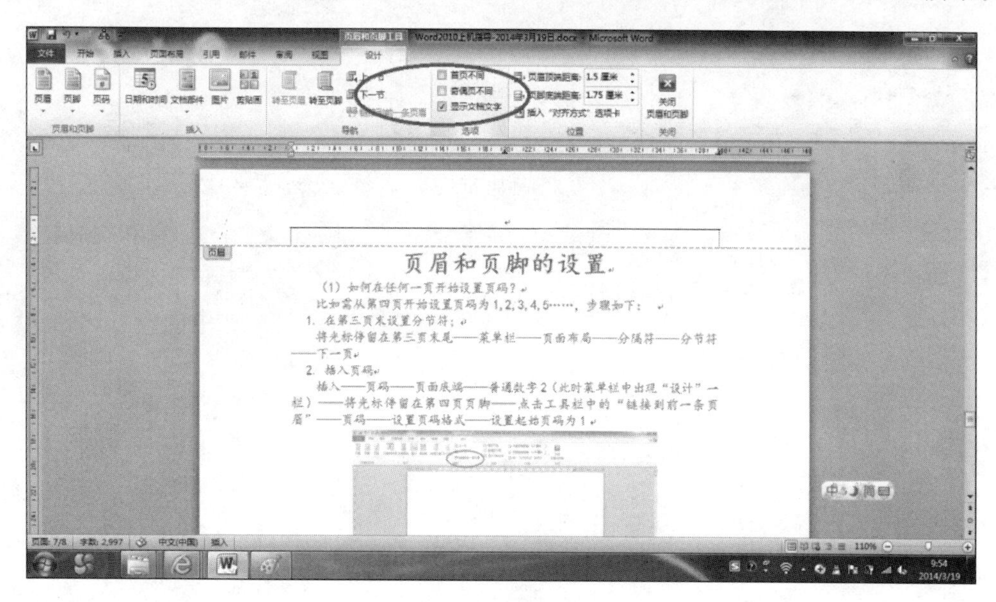

图 A-27　设置页眉

(4) 如何删除页眉中的那根横线。双击页眉，页眉处于编辑状态，按 Ctrl＋A 组合键将页眉中的文字全选，在“页面布局”选项卡的“页面背景”组中单击“页面边框”按钮，出现如图 A-28 所示的“边框和底纹”对话框，单击右侧“预览”中的那根横线，横线消失，如果是找回那根横线，只要在“预览”中再次单击一下即可。

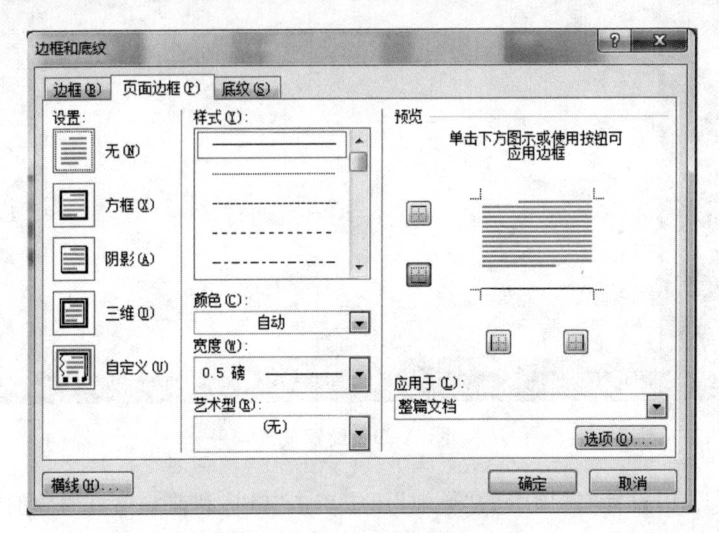

图 A-28 页眉横线设置

附录B

基础练习题

1. 天气预报能为人们的生活提供帮助，它应该属于计算机的(　　)类应用。
   A. 科学计算　　B. 信息处理　　C. 过程控制　　D. 人工智能
2. 已知某汉字的区位码是3222，则其国标码是(　　)。
   A. 4252D　　B. 5242H　　C. 4036H　　D. 5524H
3. 二进制数101001转换成十进制整数等于(　　)。
   A. 41　　B. 43　　C. 45　　D. 39
4. 计算机软件系统包括(　　)。
   A. 程序、数据和相应的文档　　B. 系统软件和应用软件
   C. 数据库管理系统和数据库　　D. 编译系统和办公软件
5. 若已知一个汉字的国标码是5E38H，则其内码是(　　)。
   A. DEB8　　B. DE38　　C. 5EB8　　D. 7E58
6. 汇编语言是一种(　　)。
   A. 依赖于计算机的机器语言程序　　B. 计算机能直接执行的程序设计语言
   C. 独立于计算机的高级程序设计语言　　D. 面向问题的程序设计语言
7. 用于汉字信息处理系统之间或者通信系统之间信息交换的汉字代码是(　　)。
   A. 国标码　　B. 存储码　　C. 机外码　　D. 字形码
8. 构成CPU的主要部件是(　　)。
   A. 内存和控制器　　B. 内存、控制器和运算器
   C. 高速缓存和运算器　　D. 控制器和运算器
9. 用高级程序设计语言编写的程序，要转换成等价的可执行程序，必须经过(　　)。
   A. 汇编　　B. 编辑　　C. 解释　　D. 编译和连接
10. RAM的特点是(　　)。
    A. 海量存储器
    B. 存储在其中的信息可以永久保存
    C. 一旦断电，存储在其上的信息将全部消失，且无法恢复
    D. 只是用来存储数据
11. 将高级语言编写的程序翻译成机器语言程序，采用的两种翻译方式是(　　)。
    A. 编译和解释　　B. 编译和汇编

C. 编译和连接　　D. 解释和汇编

12. 下面关于显示器的叙述中，正确的是(　　)。

A. 显示器是输入设备　　B. 显示器是输入输出设备

C. 显示器是输出设备　　D. 显示器是存储设备

13. 计算机之所以能按人们的意图自动进行工作，最直接的原因是采用了(　　)。

A. 二进制　　B. 高速电子元件

C. 程序设计语言　　D. 存储程序控制

14. 一个汉字的机内码与国标码之间的差别是(　　)。

A. 前者各字节的最高位二进制值各为 1，而后者为 0

B. 前者各字节的最高位二进制值各为 0，而后者为 1

C. 前者各字节的最高位二进制值各为 1、0，而后者为 0、1

D. 前者各字节的最高位二进制值各为 0、1，而后者为 1、0

15. 下列各组软件中，全部属于应用软件的是(　　)。

A. 程序语言处理程序、操作系统和数据库管理系统

B. 文字处理程序、编辑程序和 UNIX 操作系统

C. 财务处理软件、金融软件和 WPS Office 2003

D. Word 2000、Photoshop 和 Windows 98

16. 从 2001 年开始，我国自主研发通用 CPU 芯片，其中第一款通用的 CPU 是(　　)。

A. 龙芯　　B. AMD　　C. Intel　　D. 酷睿

17. 1024 个 24×24 点阵的汉字字形码需要(　　)存储空间。

A. 720B　　B. 72KB　　C. 7000B　　D. 7200B

18. 对计算机操作系统的作用描述完整的是(　　)。

A. 管理计算机系统的全部软、硬件资源，合理组织计算机的工作流程，以达到充分发挥计算机资源的效率，为用户提供使用计算机的友好界面

B. 对用户存储的文件进行管理，方便用户

C. 执行用户输入的各类命令

D. 为汉字操作系统提供运行的基础

19. 用高级程序设计语言编写的程序(　　)。

A. 计算机能直接执行　　B. 具有良好的可读性和可移植性

C. 执行效率高但可读性差　　D. 依赖于具体机器，可移植性差

20. 假设某台式计算机的内存储器容量为 128MB，硬盘容量为 10GB。硬盘的容量是内存容量的(　　)。

A. 40 倍　　B. 60 倍　　C. 80 倍　　D. 100 倍

21. 下面关于多媒体系统的描述中，不正确的是(　　)。

A. 多媒体系统一般是一种多任务系统

B. 多媒体系统是对文字、图像、声音、活动图像及其资源进行管理的系统

C. 多媒体系统只能在微型计算机上运行

D. 数字压缩是多媒体处理的关键技术

22. 微机硬件系统中最核心的部件是(　　)。

A. 内存储器　　B. 输入输出设备

C. CPU　　D. 硬盘

23. 下列叙述中,错误的是(　　)。

A. 把数据从内存传输到硬盘的操作称为写盘

B. WPS Office 2003 属于系统软件

C. 把高级语言源程序转换为等价的机器语言目标程序的过程叫编译

D. 计算机内部对数据的传输、存储和处理都使用二进制

24. 在下列字符中,其 ASCII 码值最大的一个是(　　)。

A. 9　　B. Z　　C. D　　D. X

25. 下列各存储器中,存取速度最快的一种是(　　)。

A. Cache　　B. 动态 RAM(DRAM)

C. CD-ROM　　D. 硬盘

26. CD-ROM 是(　　)。

A. 大容量可读可写外存储器　　B. 大容量只读外部存储器

C. 可直接与 CPU 交换数据的存储器　　D. 只读内部存储器

27. 世界上公认的第一台电子计算机诞生的年份是(　　)。

A. 1943　　B. 1946　　C. 1950　　D. 1951

28. 计算机最早的应用领域是(　　)。

A. 信息处理　　B. 科学计算　　C. 过程控制　　D. 人工智能

29. 以下正确的叙述是(　　)。

A. 十进制数可用 10 个数码,分别是 1～10

B. 一般在数字后面加一大写字母 B 表示十进制数

C. 二进制数只有 1 和 2 两个数码

D. 在计算机内部都是用二进制编码形式表示的

30. 下列关于 ASCII 编码的叙述中,正确的是(　　)。

A. 国际通用的 ASCII 码是 8 位码

B. 所有大写英文字母的 ASCII 码值都小于小写英文字母“a”的 ASCII 码值

C. 所有大写英文字母的 ASCII 码值都大于小写英文字母“a”的 ASCII 码值

D. 标准 ASCII 码表有 256 个不同的字符编码

31. 汉字区位码分别用十进制的区号和位号表示,其区号和位号的范围分别是(　　)。

A. 0～94,0～94　　B. 1～95,1～95

C. 1～94,1～94　　D. 0～95,0～95

32. 在计算机指令中,规定其所执行操作功能的部分称为(　　)。

A. 地址码　　B. 源操作数

C. 操作数　　D. 操作码

33. 下列叙述中,正确的是(　　)。

A. 高级程序设计语言的编译系统属于应用软件

B. 高速缓冲存储器(Cache)一般用 SRAM 来实现

C. CPU 可以直接存取硬盘中的数据

D. 存储在 ROM 中的信息断电后会全部丢失

34. 下列各存储器中,存取速度最快的是(　　)。

A. CD-ROM　　B. 内存储器　　C. 软盘　　D. 硬盘

35. 下面关于 USB 优盘的描述中,错误的是(　　)。

A. 优盘有基本型、增强型和加密型 3 种

B. 优盘的特点是重量轻、体积小

C. 优盘多固定在机箱内,不便携带

D. 断电后,优盘还能保持存储的数据不丢失

36. ROM 中的信息是(　　)。

A. 由生产厂家预先写入的

B. 在安装系统时写入的

C. 根据用户需求不同,由用户随时写入的

D. 由程序临时存入的

37. 一个字长为 5 位的无符号二进制数能表示的十进制数值范围是(　　)。

A. 1～32　　B. 0～31　　C. 1～31　　D. 0～32

38. 计算机能直接识别的语言是(　　)。

A. 高级程序语言　　B. 机器语言

C. 汇编语言　　D. C++ 语言

39. 存储一个 48×48 点阵的汉字字形码需要的字节个数是(　　)。

A. 384　　B. 288　　C. 256　　D. 144

40. 现代计算机中所采用的电子元器件是(　　)。

A. 电子管　　B. 晶体管

C. 小规模集成电路　　D. 大规模和超大规模集成电路

41. 市政道路及管线设计软件,属于计算机(　　)。

A. 辅助教学　　B. 辅助管理　　C. 辅助制造　　D. 辅助设计

42. 存储一个 32×32 点阵的汉字字形码需用的字节数是(　　)。

A. 256　　B. 128　　C. 72　　D. 16

43. 下列叙述中,正确的是(　　)。

A. 用高级程序语言编写的程序称为源程序

B. 计算机能直接识别并执行用汇编语言编写的程序

C. 机器语言编写的程序必须经过编译和连接后才能执行

D. 机器语言编写的程序具有良好的可移植性

44. 一个完整计算机系统的组成部分应该是(　　)。

A. 主机、键盘和显示器　　B. 系统软件和应用软件

C. 主机和它的外部设备　　D. 硬件系统和软件系统

45. 计算机技术中,下列不是度量存储器容量的单位是(　　)。

A. KB B. MB C. GHz D. GB

46. SRAM 指的是(　　)。

A. 静态随机存储器 B. 静态只读存储器

C. 动态随机存储器 D. 动态只读存储器

47. 下列设备组中,完全属于计算机输出设备的一组是(　　)。

A. 喷墨打印机、显示器、键盘 B. 激光打印机、键盘、鼠标器

C. 键盘、鼠标器、扫描仪 D. 打印机、绘图仪、显示器

48. Cache 的中文译名是(　　)。

A. 缓冲器 B. 只读存储器

C. 高速缓冲存储器 D. 可编程只读存储器

49. 下列叙述中,正确的是(　　)。

A. C++ 是高级程序设计语言的一种

B. 用 C++ 程序设计语言编写的程序可以直接在机器上运行

C. 当代最先进的计算机可以直接识别、执行任何语言编写的程序

D. 机器语言和汇编语言是同一种语言的不同名称

50. USB 1.1 和 USB 2.0 的区别之一在于传输率不同,USB 1.1 的传输率是(　　)。

A. 150KBps B. 12MBps C. 480MBps D. 48MBps

51. 计算机系统软件中最核心的是(　　)。

A. 语言处理系统 B. 操作系统

C. 数据库管理系统 D. 诊断程序

52. 组成微型机主机的部件是(　　)。

A. CPU、内存和硬盘 B. CPU、内存、显示器和键盘

C. CPU 和内存 D. CPU、内存、硬盘、显示器和键盘

53. 根据汉字国标码 GB 2313—1980 的规定,将汉字分为常用汉字和次常用汉字两级。次常用汉字的排列次序是按(　　)。

A. 偏旁部首 B. 汉语拼音字母

C. 笔画多少 D. 使用频率多少

54. 下列说法中,正确的是(　　)。

A. 只要将高级程序语言编写的源程序文件(如 try.c) 的扩展名更改为.exe,它就成为可执行文件了

B. 高档计算机可以直接执行用高级程序语言编写的程序

C. 源程序只有经过编译和连接后才能成为可执行程序

D. 用高级程序语言编写的程序可移植性和可读性都很差

55. 英文缩写 ROM 的中文译名是(　　)。

A. 高速缓冲存储器 B. 只读存储器

C. 随机存取存储器 D. 优盘

56. 冯·诺依曼型体系结构的计算机硬件系统的 5 大部件是(　　)。

A. 输入设备、运算器、控制器、存储器、输出设备

B. 键盘和显示器、运算器、控制器、存储器和电源设备

C. 输入设备、中央处理器、硬盘、存储器和输出设备

D. 键盘、主机、显示器、硬盘和打印机

57. 1946 年诞生的世界上公认的第一台电子计算机是(　　)。

A. UNIVAC-I　　B. EDVAC　　C. ENIAC　　D. IBM650

58. 电子计算机传统的分代方法,第一代至第四代计算机依次是(　　)。

A. 机械计算机、电子管计算机、晶体管计算机、集成电路计算机

B. 晶体管计算机、集成电路计算机、大规模集成电路计算机、光器件计算机

C. 电子管计算机、晶体管计算机、小中规模集成电路计算机、大规模和超大规模集成电路计算机

D. 手摇机械计算机、电动机械计算机、电子管计算机、晶体管计算机

59. 办公自动化(OA)是计算机的一大应用领域,按计算机应用的分类,它属于(　　)。

A. 科学计算　　B. 辅助设计　　C. 过程控制　　D. 信息处理

60. 二进制数 111111 转换成十进制数是(　　)。

A. 71　　B. 65　　C. 63　　D. 62

61. 无符号二进制整数 00110011 转换成十进制整数是(　　)。

A. 48　　B. 49　　C. 51　　D. 53

62. 如果在一个非零无符号二进制整数之后添加两个 0,则此数的值为原数的(　　)。

A. 4 倍　　B. 2 倍　　C. 1/2　　D. 1/4

63. 下列各进制的整数中,值最大的一个是(　　)。

A. 十六进制数 6A　　B. 十进制数 134

C. 八进制数 145　　D. 二进制数 1100001

64. 已知英文字母 m 的 ASCII 码值为 6DH,那么字母 q 的 ASCII 码值是(　　)。

A. 70H　　B. 71H　　C. 72H　　D. 6FH

65. 已知某汉字的区位码是 1234,则其国标码是(　　)。

A. 2338D　　B. 2C42H　　C. 3254H　　D. 422CH

66. 全拼或简拼汉字输入法的编码属于(　　)。

A. 音码　　B. 形声码　　C. 区位码　　D. 形码

67. CPU 主要技术性能指标有(　　)。

A. 字长、运算速度和时钟主频　　B. 可靠性和精度

C. 耗电量和效率　　D. 冷却效率

68. 在各类计算机操作系统中,分时系统是一种(　　)。

A. 单用户批处理操作系统　　B. 多用户批处理操作系统

C. 单用户交互式操作系统　　D. 多用户交互式操作系统

69. 下列十进制数中能用八位无符号二进制表示的是(　　)。

A. 258　　B. 257　　C. 256　　D. 255

70. 二进制数 1011011 转换成八进制、十进制、十六进制数依次为(　　)。

A. 133、103、5B　　B. 133、91、5B

C. 253、171、5B　　　　D. 133、71、5B

71. 下列叙述中，正确的是(　　)。

A. 所有计算机病毒只在可执行文件中传染

B. 计算机病毒可通过读写移动存储器或Internet网络进行传播

C. 只要把带病毒优盘设置成只读状态，此盘上的病毒就不会因读盘而传染给另一台计算机

D. 计算机病毒是由于光盘表面不清洁而造成的

72. 计算机病毒是指(　　)。

A. 编制有错误的计算机程序

B. 设计不完善的计算机程序

C. 已被破坏的计算机程序

D. 以危害系统为目的的特殊计算机程序

73. 我国将计算机软件的知识产权列入(　　)权保护范畴。

A. 专利　　B. 技术　　C. 合同　　D. 著作

74. 计算机病毒的特点具有(　　)。

A. 隐蔽性、可激发性、破坏性　　B. 隐蔽性、破坏性、易读性

C. 潜伏性、可激发性、易读性　　D. 传染性、潜伏性、安全性

75. 数据保密性的基本类型包括(　　)。

A. 静态数据保密性　　B. 动态数据保密性

C. 传输数据保密性　　D. 静态和动态数据保密性

76. 下面关于网络信息安全的一些叙述中，不正确的是(　　)。

A. 网络环境下的信息系统比单机系统复杂，信息安全问题比单机更加难以得到保障

B. 电子邮件是个人之间的通信手段，不会传染计算机病毒

C. 防火墙是保障单位内部网络不受外部攻击的有效措施之一

D. 网络安全的核心是操作系统的安全性，它涉及信息在存储和处理状态下的保护问题

77. 加强网络安全性最重要的基础措施是(　　)。

A. 设计有效的网络安全策略　　B. 选择更安全的操作系统

C. 安装杀毒软件　　D. 加强安全教育

78. 用某种方法伪装消息以隐藏它的内容的过程称为(　　)。

A. 消息　　B. 密文　　C. 解密　　D. 加密

79. 以下不属于网络行为规范的是(　　)。

A. 不应未经许可而使用别人的计算机资源

B. 不应用计算机进行偷窃

C. 不应干扰别人的计算机工作

D. 可以使用或复制没有授权的软件

80. 以下关于防火墙的说法，不正确的是(　　)。

A. 防火墙是一种隔离技术

B. 防火墙的主要工作原理是对数据包及来源进行检查，阻断被拒绝的数据

C. 防火墙的主要功能是查杀病毒

D. 尽管利用防火墙可以保护网络免受外部黑客的攻击，但其目的只是能够提高网络的安全性，不可能保证网络绝对安全

81. 计算机网络是计算机技术与(　　)技术高度发展、密切结合的产物。

A. 交换机　　B. 软件　　C. 通信　　D. 自动控制

82. 人类历史上最早的计算机网络是(　　)。

A. 互联网　　B. 局域网　　C. 以太网　　D. ARPANET

83. 当通信子网采用(　　)方式时，首先要在通信双方之间建立起物理连接。

A. 线路交换　　B. 无线网络　　C. 存储转发　　D. 广播

84. OSI 参考模型将网络分成(　　)层。

A. 8　　B. 6　　C. 4　　D. 7

85. 在 OSI 参考模型中，数据链路层的数据服务单元是(　　)。

A. 帧　　B. 报文　　C. 分组　　D. 比特序列

86. IEEE 802 参考模型中，将局域网分成了(　　)层。

A. 2　　B. 3　　C. 4　　D. 5

87. 下列(　　)结构不是局域网的拓扑结构。

A. 总路线型　　B. 环状

C. 星状　　D. 网状

88. 在计算机网络分类中，下列(　　)不属于计算机网络分类。

A. 局域网　　B. 广域网　　C. 城域网　　D. 无线网

89. 计算机网络的目标是实现(　　)。

A. 数据处理　　B. 文献检索

C. 资源共享和信息传输　　D. 信息传输

90. 用于连接不同网络的网络设备是(　　)。

A. 路由器　　B. 网卡　　C. 集线器　　D. 交换机

91. 目前用于组成交换式局域网的网络设备是(　　)。

A. 路由器　　B. 网卡　　C. 集线器　　D. 交换机

92. 抗干扰能力最强、传输能力最强的传输介质是(　　)。

A. 电话线　　B. 双绞线　　C. 光纤　　D. 无线

93. 目前用双绞线制作以太网连接线所用的标准为(　　)。

A. T568A　　B. T568B　　C. T568C　　D. T568D

94. IEEE 802 模型是(　　)的标准。

A. 局域网　　B. 广域网　　C. 城域网　　D. 互联网

95. Internet 中不同网络和不同计算机相互通信的基础是(　　)。

A. ATM　　B. TCP/IP　　C. Novell　　D. x. 25

96. 电话拨号连接是计算机个人用户常用的接入因特网的方式，称为非对称数字用

户线的接入技术的英文缩写是(　　)。

A. ADSL　　B. ISDN　　C. ISP　　D. TCP

97. 在计算机网络中,英文缩写 WAN 的中文名是(　　)。

A. 局域网　　B. 无线网　　C. 广域网　　D. 城域网

98. 互联网的网络拓扑结构应为(　　)。

A. 总线型　　B. 环状　　C. 星状　　D. 网状

99. OSI 参考模型中,对数据进行差错控制的是(　　)。

A. 物理层　　B. 网络层　　C. 数据链路层　　D. 应用层

100. OSI 参考模型中,提供端到端的服务的是(　　)。

A. 物理层　　B. 网络层　　C. 数据链路层　　D. 传输层

101. 我国家庭的大多数计算机用户主要是通过(　　)接入 Internet。

A. 专线　　B. 局域网　　C. 电话线　　D. 有线电视

102. IE 收藏夹中存放的是(　　)。

A. 最近浏览过的一些 WWW 地址　　B. 用户增加的 E-mail 地址

C. 最近下载的 WWW 地址　　D. 用户增加的 WWW 地址

103. 下列关于 E-mail 功能的说法中正确的是(　　)。

A. 在发送时一次只能发给一个人

B. 用户在阅读完邮件后,将从服务器上删除

C. 用户写完邮件后必须立即发送

D. 用户收到的邮件一定是按日期排列

104. 电子邮件地址格式中@右边的是(　　)。

A. 用户名　　B. 本机域名　　C. 密码　　D. 服务器名

105. 英文缩写 ISP 指的是(　　)。

A. 电子邮局　　B. 电信局

C. Internet 服务商　　D. 供他人浏览的网页

106. IP 地址的说法错误的是(　　)。

A. 由用户名和主机号组成　　B. 由网络号和主机号组成

C. 占用 4B 存储空间　　D. 占用 32b 存储空间

107. 出现互联网以后,许多青少年出于各种各样的原因和目的在网上非法攻击别人的主机,他们往往被称作黑客,其中许多人越陷越深,走上了犯罪的道路。这说明(　　)。

A. 互联网上可以放任自流　　B. 互联网上没有道德可言

C. 在互联网上也需要进行道德教育　　D. 互联网无法控制非法行动

108. TCP 协议的主要功能是(　　)。

A. 对数据进行分组　　B. 确保数据的可靠传输

C. 确定数据传输路径　　D. 提高数据传输速度

109. Internet 中域名与 IP 之间的翻译是由(　　)来完成的。

A. 用户计算机　　B. 代理服务器

C. 域名服务器　　D. Internet 服务商

110. 下列有关在Internet上的行为说法正确的是(　　)。

A. 随意上载“图书作品”

B. 下载文章并整理出版发行

C. 进入到一些服务器里看看里边有什么东西

D. 未经作者允许不能随意上载或出版其作品

111. 国内一家高校要建立WWW网站,其域名的后缀应该是(　　)。

A. .com　　B. .edu.cn　　C. .com.cn　　D. .ac

112. 欲申请免费电子信箱,首先必须(　　)。

A. 在线注册　　B. 交费开户

C. 提出书面申请　　D. 发电子邮件申请

113. 某人想要在电子邮件中传送一个文件,他可以借助(　　)。

A. FTP　　B. TelNet

C. WWW　　D. 电子邮件中的附件功能

114. (　　)的Internet服务与超文本密切相关。

A. Gopher　　B. FTP　　C. WWW　　D. Telnet

115. 下列用户XUEJY的电子邮件地址中,正确的是(　　)。

A. XUEJY$bj163.com　　B. XUEJY&bj163.com

C. XUEJY♯bj163.com　　D. XUEJY@bj163.com

116. IPv6规定用(　　)位二进制位表示一个IP地址。

A. 128　　B. 64　　C. 32　　D. 256

117. 地址为192.168.1.2的IP地址为(　　)地址。

A. A类　　B. B类　　C. C类　　D. D类

118. 中国教育网的简称为(　　)。

A. ChinaNET　　B. CSTNET　　C. CERNET　　D. ChinaGBN

119. 地址为134.124.11.2的IP地址为(　　)地址。

A. A类　　B. B类　　C. C类　　D. D类

120. 互联网上提供的域名系统简称为(　　)。

A. DNS　　B. TelNet　　C. ID　　D. WWW

121. 下列属于多媒体技术发展方向的是(　　):

(1) 简单化,便于操作;(2) 高速度化,缩短处理时间;

(3) 高分辨率,提高显示质量;(4) 智能化,提高信息识别能力。

A. (1) (2) (3)　　B. (1) (2) (4)

C. (1) (3) (4)　　D. 全部

122. 以下(　　)是多媒体教学软件的特点:

(1) 能正确生动地表达本学科的知识内容;

(2) 具有友好的人机交互界面;

(3) 能判断问题并进行教学指导;

(4) 能通过计算机屏幕和老师面对面讨论问题。

A. (1) (2) (3)　　B. (1) (2) (4)
C. (2) (4)　　D. (2) (3)

123. 位图的特性是(　　)。
A. 数据量大　　B. 灵活性高
C. 对硬件要求低　　D. 逼真

124. 图像的分辨率是指(　　)。
A. 像素的颜色深度　　B. 图像的颜色数
C. 图像的像素密度　　D. 图像的扫描精度

125. 动画制作中,一般帧速度选择为(　　)。
A. 12 帧/秒　　B. 3 帧/秒　　C. 6 帧/秒　　D. 9 帧/秒

126. 以下多媒体创作工具基于传统程序语言的有(　　)。
A. Action　　B. ToolBook
C. HyperCard　　D. Visual C++

127. 判断以下说法中,正确的是(　　):
(1) 位图图像是对视觉信号进行直接量化的媒体形式;
(2) 位图图像反映了信号的原始形式;
(3) 矢量图形是对图像进行抽象化的结果;
(4) 矢量图形反映了图像中实体最重要的特征。
A. (1) (3) 错　　B. (1) 错
C. (4) 错　　D. 全对

128. 多媒体应用最为全面的典型体现是(　　)。
A. 多媒体大词典　　B. 产品展示
C. 视频会议　　D. 电子游戏

129. 下列选项中,多媒体计算机系统中硬件系统的核心部件是(　　)。
A. 主机　　B. 基本输入输出设备
C. 音频卡　　D. 视频卡

130. Flash 中的时间轴,其用途是(　　)。
A. 制作动画情节　　B. 开启新文件
C. 关闭旧文件　　D. 储存旧文件

131. 下面叙述中,不正确的是(　　)。
A. 算法的执行效率与数据的存储结构有关
B. 算法的空间复杂度是指算法程序中指令(或语句)的条数
C. 算法的有穷性是指算法必须能在执行有限个步骤之后终止
D. 算法的计算量是指执行算法所需要的代码量

132. 以下数据结构中属于线性数据结构的是(　　)。
A. 队列　　B. 图　　C. 二叉树　　D. 树

133. 在一棵二叉树上第 6 层的结点数最多是(　　)。
A. 8　　B. 16　　C. 32　　D. 15

134. 下列描述中,不符合结构化程序设计风格的是(　　)。

A. 使用顺序、选择和重复(循环)三种基本控制结构表示程序的控制逻辑

B. 模块只有一个入口、一个出口

C. 注重提高程序的执行效率

D. 尽量不使用 goto 语句

135. 下面概念中,不属于面向对象方法的是(　　)。

A. 对象　　B. 继承　　C. 类　　D. 过程调用

136. 在结构化方法中,用层次图作为描述工具的软件开发阶段是(　　)。

A. 可行性分析　　B. 需求分析　　C. 详细设计　　D. 概要设计

137. 在软件开发中,下面任务属于分析阶段的是(　　)。

A. 数据结构设计　　B. 给出系统模块结构

C. 定义模块算法　　D. 定义需求并建立系统模型

138. 数据库系统的核心是(　　)。

A. 数据模型　　B. 数据库管理系统

C. 软件工具　　D. 数据库

139. 下列叙述中正确的是(　　)。

A. 数据库是一个独立的系统,不需要操作系统的支持

B. 数据库设计是指设计数据库管理系统

C. 数据库技术的根本目标是要解决数据共享的问题

D. 数据库系统中,数据的物理结构必须与逻辑结构一致

140. 下列模式中,能够给出数据库物理存储结构与物理存取方法的是(　　)。

A. 内模式　　B. 外模式　　C. 概念模式　　D. 逻辑模式

141. 算法的时间复杂度是指(　　)。

A. 执行算法程序所需要的时间

B. 算法程序的长度

C. 算法执行过程中所需要的基本运算次数

D. 算法程序中的指令条数

142. 下列叙述中不正确的是(　　)。

A. 线性顺序表是线性结构　　B. 栈与队列是非线性结构

C. 线性链表是线性结构　　D. 二叉树是非线性结构

143. 设一棵完全二叉树共有 699 个结点,则在该二叉树中的叶子结点数为(　　)。

A. 349　　B. 350　　C. 255　　D. 351

144. 结构化程序设计主要强调的是(　　)。

A. 程序的规模　　B. 程序的易读性

C. 程序的执行效率　　D. 程序的可移植性

145. 在软件生命周期中,确定软件的总体结构、子结构和模块划分的阶段是(　　)。

A. 概要设计　　B. 详细设计

C. 可行性分析　　D. 需求分析

146. 数据流图用于抽象描述一个软件的逻辑模型，数据流图由一些特定的图符构成。下列图符名标识的图符中，不属于数据流图合法图符的是(　　)。

A. 控制流　　B. 加工

C. 数据存储　　D. 源和潭

147. 软件需求分析阶段的工作，可以分为4个方面：需求获取、需求分析、编写需求规格说明书以及(　　)。

A. 阶段性报告　　B. 需求评审

C. 总结　　D. 都不正确

148. 下述关于数据库系统的叙述中正确的是(　　)。

A. 数据库系统减少了数据冗余

B. 数据库系统避免了一切冗余

C. 数据库系统中数据的一致性是指数据类型的一致

D. 数据库系统比文件系统能管理更多的数据

149. 关系表中的每一横行称为一个(　　)。

A. 元组　　B. 字段　　C. 属性　　D. 码

150. 数据库设计包括两个方面的设计内容，它们是(　　)。

A. 概念设计和逻辑设计　　B. 模式设计和内模式设计

C. 内模式设计和物理设计　　D. 结构特性设计和行为特性设计

151. 算法的空间复杂度是指(　　)。

A. 算法程序的长度　　B. 算法程序中的指令条数

C. 算法程序所占的存储空间　　D. 算法执行过程中所需要的存储空间

152. 下列关于栈的叙述中不正确的是(　　)。

A. 在栈中只能从一端插入数据　　B. 在栈中只能从一端删除数据

C. 栈是先进先出的线性表　　D. 栈是先进后出的线性表

153. 对建立良好的程序设计风格，下面描述正确的是(　　)。

A. 程序应简单、清晰、可读性好　　B. 符号名的命名要符合语法

C. 充分考虑程序的执行效率　　D. 程序的注释可有可无

154. 下面对对象概念描述错误的是(　　)。

A. 任何对象都必须有继承性　　B. 对象是属性和方法的封装体

C. 对象间的通信靠消息传递　　D. 操作是对象的动态性属性

155. 下面不属于软件工程3个要素的是(　　)。

A. 工具　　B. 过程　　C. 方法　　D. 环境

156. 程序流程图(PFD) 中的箭头代表(　　)。

A. 数据流　　B. 控制流　　C. 调用关系　　D. 组成关系

157. 在数据管理技术的发展过程中，经历了人工管理阶段、文件系统阶段和数据库系统阶段。其中数据独立性最高的阶段是(　　)。

A. 数据库系统　　B. 文件系统

C. 人工管理　　D. 数据项管理

158. 用树状结构来表示实体之间联系的模型称为(　　)。

A. 关系模型　B. 层次模型　C. 网状模型　D. 数据模型

159. 关系数据库管理系统能实现的专门关系运算包括(　　)。

A. 排序、索引、统计　B. 选择、投影、连接

C. 关联、更新、排序　D. 显示、打印、制表

160. 算法一般都可以用(　　)这几种控制结构组合而成。

A. 循环、分支、递归　B. 顺序、循环、嵌套

C. 循环、递归、选择　D. 顺序、选择、循环

161. 数据的存储结构是指(　　)。

A. 数据所占的存储空间量　B. 数据的逻辑结构在计算机中的表示

C. 数据在计算机中的顺序存储方式　D. 存储在外存中的数据

162. 检查软件产品是否符合需求定义的过程称为(　　)。

A. 确认测试　B. 集成测试　C. 验证测试　D. 验收测试

163. 下列工具中不是用于详细分析的是(　　)。

A. PAD　B. PFD　C. N-S　D. DFD

164. 索引属于(　　)。

A. 模式　B. 内模式　C. 外模式　D. 概念模式

165. 在关系数据库中,用来表示实体之间联系的是(　　)。

A. 树状结构　B. 网状结构　C. 线性表　D. 二维表

166. 将 E-R 图转换到关系模式时,实体与联系都可以表示成(　　)。

A. 属性　B. 关系　C. 键　D. 域

167. 快速排序法属于(　　)类型的排序法。

A. 交换类排序法　B. 插入类排序法

C. 选择类排序法　D. 建堆排序法

168. 对长度为 N 的线性表进行二分查找,在最坏情况下所需要的比较次数为(　　)。

A. $N+1$　B. N　C. $\mathrm{lb}N$　D. $N/2$

169. 信息隐蔽的概念与下述(　　)概念直接相关。

A. 软件结构定义　B. 模块独立性

C. 模块类型划分　D. 模拟耦合度

170. 面向对象的设计方法与传统的的面向过程的方法有本质不同,它的基本原理是(　　)。

A. 模拟现实世界中不同事物之间的联系

B. 强调模拟现实世界中的算法而不强调概念

C. 使用现实世界的概念抽象地思考问题,从而自然地解决问题

D. 鼓励开发者在软件开发的绝大部分中都用实际领域的概念去思考

171. 在结构化方法中,软件功能分解属于下列软件开发中的阶段是(　　)。

A. 详细设计　B. 需求分析　C. 总体设计　D. 编程调试

172. 下列关于软件调试和测试的说法,正确的是(　　)。

A. 调试的目的是发现错误,测试的目的是改正错误

B. 调试的目的是改正错误,测试的目的是发现错误

C. 调试和测试能改善软件的性能

D. 调试和测试能挖掘软件的潜能

173. 数据库概念设计的过程中,视图设计一般有 3 种设计次序,以下各项中不对的是(　　)。

A. 自顶向下　　B. 由底向上　　C. 由内向外　　D. 由整体到局部

174. 在计算机中,算法是指(　　)。

A. 查询方法　　B. 加工方法

C. 解题方案的准确而完整的描述　　D. 排序方法

175. 已知二叉树后序遍历序列是 dabec,中序遍历序列是 debac,它的前序遍历序列是(　　)。

A. cedba　　B. acbed　　C. decab　　D. deabc

176. 在下列几种排序方法中,要求内存量最大的是(　　)。

A. 插入排序　　B. 选择排序　　C. 快速排序　　D. 归并排序

177. 在设计程序时,应采纳的原则之一是(　　)。

A. 程序结构应有助于读者理解　　B. 不限制 goto 语句的使用

C. 减少或取消注释行　　D. 程序越短越好

178. 下列不属于软件调试技术的是(　　)。

A. 强行排错法　　B. 集成测试法

C. 回溯法　　D. 原因排除法

179. 下列叙述中,不属于软件需求规格说明书作用的是(　　)。

A. 便于用户、开发人员进行理解和交流

B. 反映出用户问题的结构,可以作为软件开发工作的基础和依据

C. 作为确认测试和验收的依据

D. 便于开发人员进行需求分析

180. SQL 语言又称为(　　)。

A. 结构化定义语言　　B. 结构化控制语言

C. 结构化查询语言　　D. 结构化操纵语言

181. 栈底至栈顶依次存放元素 A、B、C、D,在第 5 个元素 E 入栈前,栈中元素可以出栈,则出栈序列可能是(　　)。

A. ABCED　　B. DBCEA　　C. CDABE　　D. DCBEA

182. 软件设计包括软件的结构、数据接口和过程设计,其中软件的过程设计是指(　　)。

A. 模块间的关系

B. 系统结构部件转换成软件的过程描述

C. 软件层次结构

D. 软件开发过程

183. 下列有关数据库的描述,正确的是(　　)。

A. 数据库是一个DBF文件　　B. 数据库是一个关系
C. 数据库是一个结构化的数据集合　　D. 数据库是一组文件

184. 单个用户使用的数据视图的描述称为(　　)。
A. 外模式　　B. 概念模式　　C. 内模式　　D. 存储模式

185. 需求分析阶段的任务是确定(　　)。
A. 软件开发方法　　B. 软件开发工具
C. 软件开发费用　　D. 软件系统功能

186. 已知数据表A中每个元素距其最终位置不远,为节省时间,应采用的算法是(　　)。
A. 堆排序　　B. 直接插入排序
C. 快速排序　　D. 直接选择排序

187. 用链表表示线性表的优点是(　　)。
A. 便于插入和删除操作
B. 数据元素的物理顺序与逻辑顺序相同
C. 花费的存储空间较顺序存储少
D. 便于随机存取

188. 软件开发的结构化生命周期方法将软件生命周期划分成(　　)。
A. 定义、开发、运行维护
B. 设计阶段、编程阶段、测试阶段
C. 总体设计、详细设计、编程调试
D. 需求分析、功能定义、系统设计

189. 分布式数据库系统不具有的特点是(　　)。
A. 分布式　　B. 数据冗余
C. 数据分布性和逻辑整体性　　D. 位置透明性和复制透明性

190. 下列说法中,不属于数据模型所描述的内容的是(　　)。
A. 数据结构　　B. 数据操作　　C. 数据查询　　D. 数据约束

191. 顺序表具有的特点是(　　)。
A. 不必事先估计存储空间　　B. 可随机访问任一元素
C. 插入删除不需要移动元素　　D. 需额外占用存储空间

192. 数据库管理系统DBMS中用来定义模式、内模式和外模式的语言为(　　)。
A. C　　B. Basic　　C. DDL　　D. DML

193. 下列有关数据库的描述,正确的是(　　)。
A. 数据处理是将信息转化为数据的过程
B. 数据的物理独立性是指当数据的逻辑结构改变时,数据的存储结构不变
C. 关系中的每一列称为元组,一个元组就是一个字段
D. 如果一个关系中的属性或属性组并非该关系的关键字,但它是另一个关系的关键字,则称其为本关系的外关键字

194. 已知一棵二叉树前序遍历和中序遍历分别为ABDEGCFH和DBGEACHF,则该二叉树的后序遍历为(　　)。

A. GEDHFBCA B. DGEBHFCA C. ABCDEFGH D. ACBFEDHG

195. 程序设计语言的基本成分是数据成分、运算成分、控制成分和(　　)。

A. 对象成分 B. 变量成分 C. 语句成分 D. 传输成分

196. 应用数据库的主要目的是(　　)。

A. 解决数据保密问题 B. 解决数据完整性问题

C. 解决数据共享问题 D. 解决数据量大的问题

197. 在数据库设计中,将 E-R 图转换成关系数据模型的过程属于(　　)。

A. 需求分析阶段 B. 逻辑设计阶段

C. 概念设计阶段 D. 物理设计阶段

198. 下列数据模型中,具有坚实理论基础的是(　　)。

A. 层次模型 B. 网状模型

C. 关系模型 D. 以上 3 个都是

199. 由两个栈共享一个存储空间的好处是(　　)。

A. 减少存取时间,降低下溢发生的几率

B. 节省存储空间,降低上溢发生的几率

C. 减少存取时间,降低上溢发生的几率

D. 节省存储空间,降低下溢发生的几率

200. 下列 4 项中,必须进行查询优化的是(　　)。

A. 关系数据库 B. 网状数据库

C. 层次数据库 D. 非关系模型

附录C

基础练习题参考答案

1～5ACABA	6～10AADDC	11～15ACDAC	16～20ABABA
21～25CCBCC	26～30BBBDB	31～35CDBBC	36～40ABBBD
41～45DBADC	46～50ADCAB	51～55BDACB	56～60ACCDC
61～65CABBB	66～70AADDB	71～75BDDAD	76～80BDDDC
81～85CDADA	86～90BDDCA	91～95DCBAB	96～100ACDCD
101～105CDDDC	106～110ACBCD	111～115BADCD	116～120ACCBA
121～125DAACA	126～130DADAA	131～135BACCD	136～140DDBCA
141～145CBBBA	146～150ABAAA	151～155DCAAD	156～160BABBD
161～165BADBD	166～170BACBC	171～175CBDCA	176～180DABDC
181～185DBCAD	186～190BAABC	191～195BCDBD	196～200CBCBA

参 考 文 献

[1] 蒋加伏，沈岳. 大学计算机基础实践教程[M]. 北京：北京邮电大学出版社，2016.
[2] 施荣华，刘卫国. 大学计算机基础实验教程[M]. 北京：中国铁道出版社，2016.
[3] 杨振山，龚沛曾. 大学计算机基础简明教程实验指导与测试[M]. 北京：高等教育出版社，2006.
[4] 吴功宜. 计算机网络实验指导书[M]. 2 版. 北京：清华大学出版社，2017.
[5] 张移芝，等. 大学计算机基础实验教程[M]. 北京：高等教育出版社，2004.
[6] 柴欣，武优西. 大学计算机基础实验教程 [M]. 6 版. 北京：中国铁道出版社，2014.
[7] 甘勇，等. 大学计算机基础[M]. 2 版. 北京：人民邮电出版社，2012.
[8] 战德臣，聂兰顺. 大学计算机—计算机与信息素养[M]. 北京：高等教育出版社，2013.
[9] 柴欣，史巧硕. 大学计算机基础教程[M]. 北京：中国铁道出版社，2014.

参考文献

[illegible]